●科学のアルバム

カメのくらし

増田戻樹

あかね書房

*もくじ

監《かん》　修《しゅう》／松井孝爾《まついたかじ》
写真提供《しゃしんていきょう》／前田憲男《まえだのりお》（P.3リュウキュウヤマガメ、セマルハコガメ）
イラスト／松井孝爾《まついたかじ》
むかいながまさ
渡辺洋二《わたなべようじ》

増田戻樹《ますだもどき》先生

一九四九年、東京に生まれる。幼《おさな》いころから動物に興味《きょうみ》をもち、飼育《しいく》や観察《かんさつ》に熱中《ねっちゅう》する。

一九六七年、農芸高等学校《のうげいこうとうがっこう》を卒業《そつぎょう》、動物商《どうぶつしょう》に勤務《きんむ》。仕事《しごと》のかたわら、学生時代からはじめた動物写真を撮《と》りつづける。

一九七一年より、フリーのカメラマンとして独立《どくりつ》。図鑑《ずかん》やカメラ雑誌《ざっし》などに、すぐれた動物写真を発表しつづけている。

著書《ちょしょ》に「カタツムリ」「モリアオガエル」「シカのくらし」「ヘビとトカゲ」「コウモリ」「オコジョのすむ谷」（以上あかね書房）「オコジョ――アルプスに白い伝説を追う」（河出書房新社）がある。

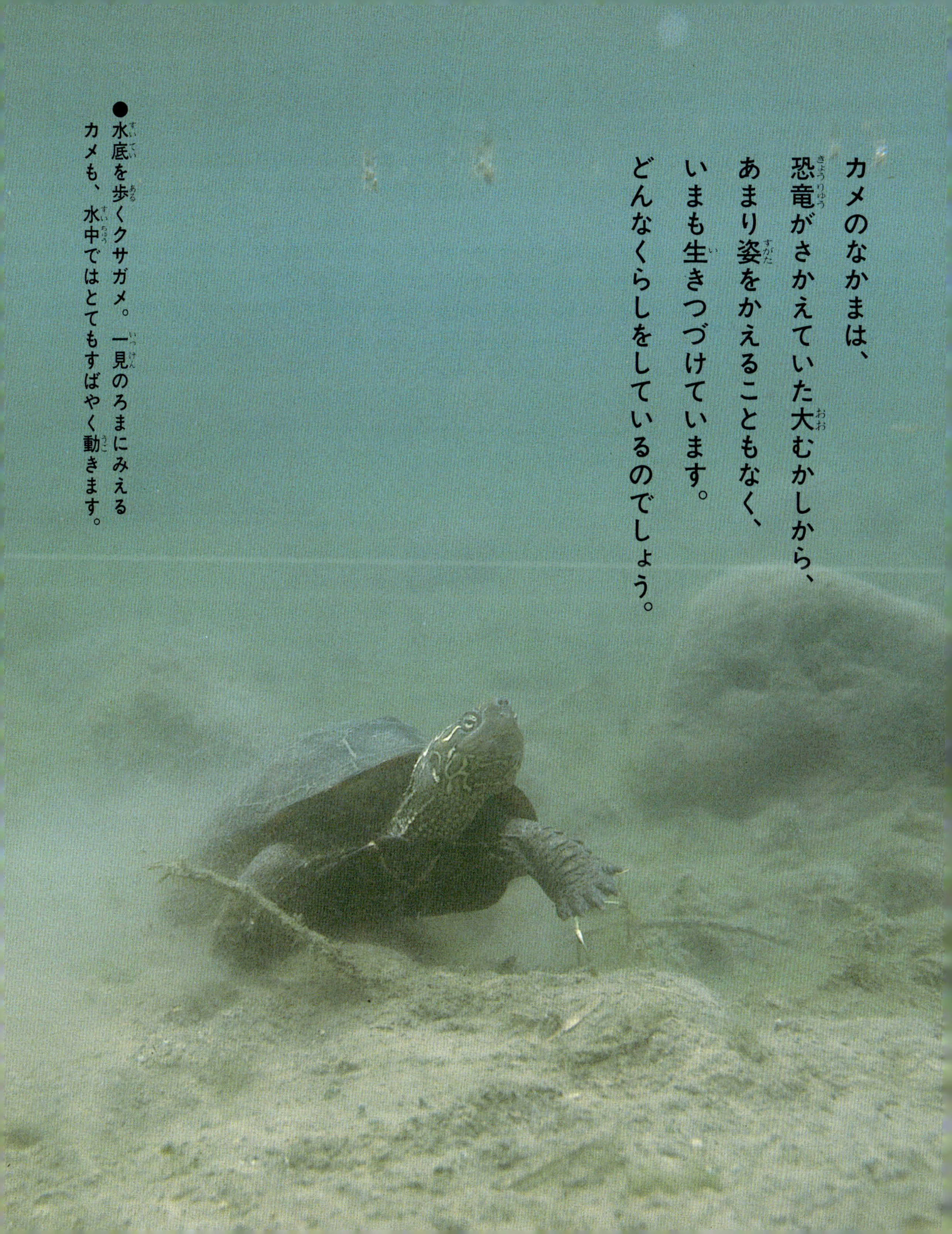

カメのなかまは、
恐竜《きょうりゅう》がさかえていた大《おお》むかしから、
あまり姿《すがた》をかえることもなく、
いまも生《い》きつづけています。
どんなくらしをしているのでしょう。

●水底《すいてい》を歩《ある》くクサガメ。一見《いっけん》のろまにみえるカメも、水中《すいちゅう》ではとてもすばやく動《うご》きます。

▲**スッポン**　甲《こう》らの長《なが》さは20〜35㎝。本州《ほんしゅう》，四国《しこく》，九州《きゅうしゅう》にすんでいます。ほとんど水中《すいちゅう》でくらし，足《あし》にはみずかきが発達《はったつ》しています。

▲**イシガメ**　甲《こう》らの長《なが》さは13〜18㎝。本州《ほんしゅう》，四国《しこく》，九州《きゅうしゅう》にすんでいます。クサガメとにていますが，イシガメのせなかの甲《こう》らのうしろの方《ほう》は，のこぎり状《じょう》のきれこみがあります。

▲**クサガメ**　甲《こう》らの長《なが》さ（縦方向《たてほうこう》に直線《ちょくせん》にはかった長《なが》さ）は10〜25㎝。本州《ほんしゅう》，四国《しこく》，九州《きゅうしゅう》にすんでいます。敵《てき》におそわれると，足《あし》のつけねからくさいにおいを出《だ》します。

日本《にっぽん》にすむカメのなかま

日本《にっぽん》には、六種類《しゅるい》のカメがすんでいます。

このうち、川《かわ》や池《いけ》などでよくみられるカメは、クサガメ、イシガメです。スッポン、ミナミイシガメも川《かわ》や池《いけ》にすむカメです。

ほとんど陸《りく》だけでくらしているカメもいます。リュウキュウヤマガメとセマルハコガメです。どちらも沖縄《おきなわ》地方《ちほう》にだけいます。

日本近海《にっぽんきんかい》にすむカメは、アカウミガメ、アオウミガメ、タイマイ、オサガメの四種類《しゅるい》※です。でも、産卵《さんらん》のために上陸《じょうりく》するとき以外《いがい》はほとんどみられません。産卵《さんらん》にやってくるのは、おもにアカウミガメとアオウミガメです。

このほか、アメリカから輸入《ゆにゅう》したミシシッ

※このほか、ヒメウミガメがまれにみられることがあります。

ミシシッピーアカミミガメ
甲《こう》らの長《なが》さは12～20㎝。アメリカから輸入《ゆにゅう》した子《こ》ガメは，ミドリガメの名《な》で売《う》られています。にげたり，はなされたりしたものが野生化《やせいか》してふえています。クサガメやイシガメのすんでいる池《いけ》や沼《ぬま》でも勢力《せいりょく》はんいを広《ひろ》げています。

▲**セマルハコガメ**　甲《こう》らの長《なが》さは11～17㎝。石垣島《いしがきじま》，西表島《いりおもてじま》にすんでいます。きけんがせまると，頭《あたま》と足《あし》をひっこめ，腹《はら》の甲《こう》らをおりまげて，ぴったりとふたをしてしまい，箱《はこ》のようになります。めったに水《みず》にはいりません。

▲**リュウキュウヤマガメ**　甲《こう》らの長《なが》さは11～16㎝。沖縄島《おきなわじま》や久米《くめ》島《じま》などの山地《さんち》にすみ，森林内《しんりんない》の湿気《しっけ》の多《おお》い場所《ばしょ》にいます。めったに水《みず》にはいりません。

ピーアカミミガメが野生化《やせいか》したものがいます。この本《ほん》では、クサガメとアカウミガメのくらしを中心《ちゅうしん》にみていくことにします。

▼**アオウミガメ**　甲《こう》らの長《なが》さは100～140㎝。熱帯《ねったい》，亜熱帯《あねったい》の海《うみ》にすみ，おもに海草《かいそう》を食《た》べます。若《わか》いカメの甲《こう》らは青《あお》みがかっています。小笠原諸島《おがさわらしょとう》などで産卵《さんらん》します。

▼**アカウミガメ**　甲《こう》らの長《なが》さはおよそ100㎝。世界中《せかいじゅう》の海《うみ》に広《ひろ》くすんでいます。甲《こう》らの色《いろ》は赤《せき》かっ色《しょく》。本州《ほんしゅう》，四国《しこく》，九州《きゅうしゅう》などの海岸《かいがん》で産卵《さんらん》。海草《かいそう》や魚《さかな》，クラゲなどを食《た》べます。

クサガメの前足《まえあし》。大小《だいしょう》のうろこにおおわれ，指《ゆび》にはするどいつめがあります。

カメの甲《こう》らのしくみ

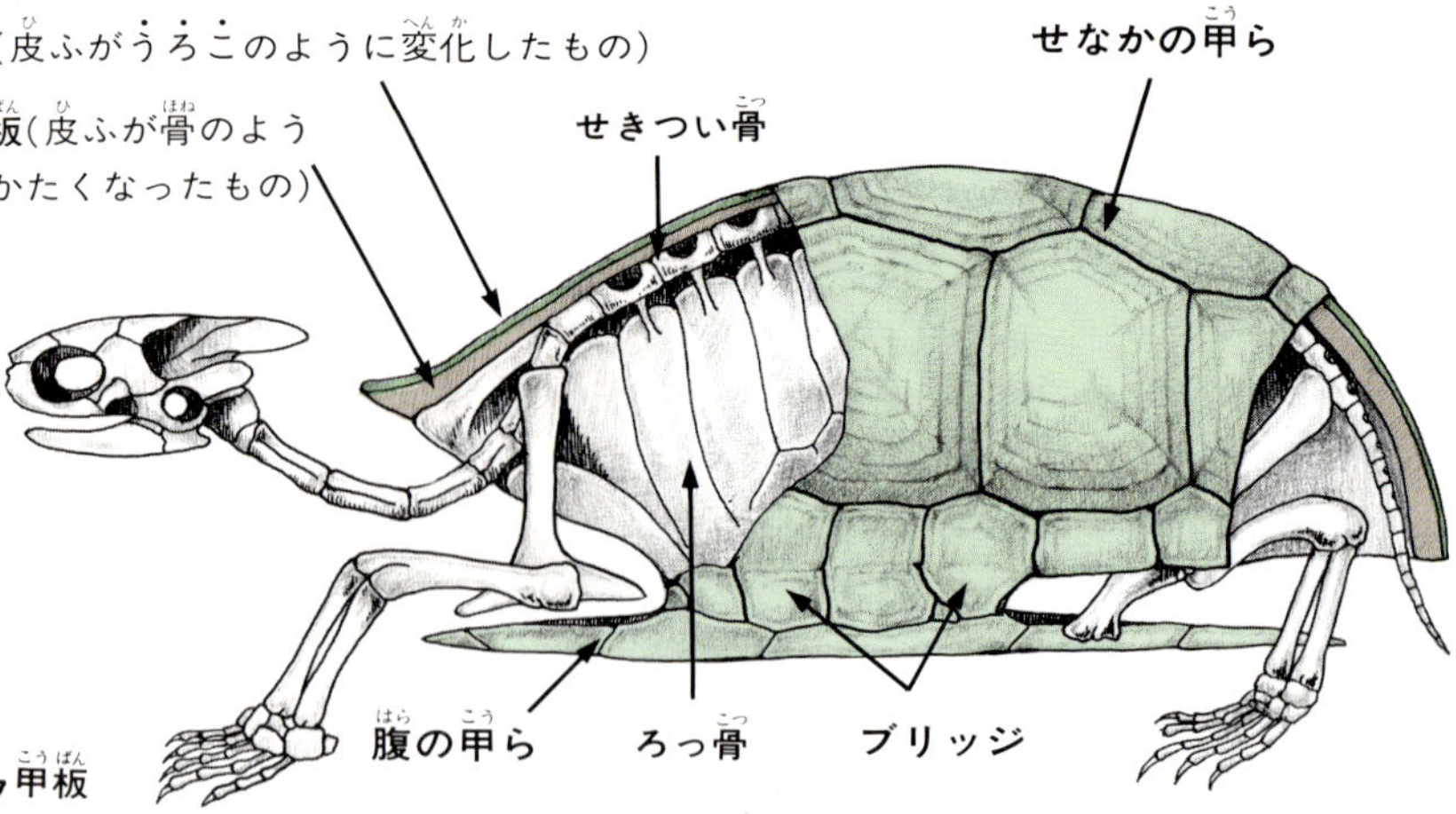
甲板《こうばん》(皮《ひ》ふがうろこのように変化《へんか》したもの)
骨板《こつばん》(皮《ひ》ふが骨《ほね》のようにかたくなったもの)
せきつい骨《こつ》
せなかの甲《こう》ら
腹《はら》の甲《こう》ら
ろっ骨《こつ》
ブリッジ

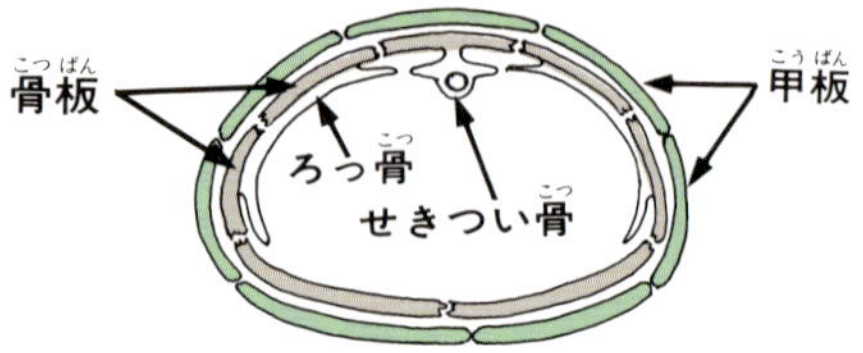
骨板《こつばん》
甲板《こうばん》
ろっ骨《こつ》
せきつい骨《こつ》

輪《わ》切《ぎ》りにしてみたところ。

カメの甲《こう》らは，せなかの甲《こう》らと腹《はら》の甲《こう》ら，それらをつなぐ橋《はし》のような甲《こう》ら（ブリッジ）とにわけられます。甲《こう》らは，つぎめがずれてかさなり，じょうぶにできています。からだが成長《せいちょう》するにつれて，甲《こう》らも大《おお》きくなります。

甲《こう》らをもつからだ

カメは、ヘビやトカゲなどと同《おな》じハ虫類《ちゅうるい》のなかまです。でも、カメにはこれらの動《どう》物《ぶつ》とちがった特《とく》ちょうがあります。それは、カメがどの種類《しゅるい》もみんな、うまれたときから、甲《こう》らをもっていることです。甲《こう》らは、骨《ほね》と皮《ひ》ふが変化《へんか》してできたものです。

甲《こう》らから出《で》ている頭《あたま》や足《あし》、しっぽは、うろこでおおわれています。うろこのある皮《ひ》ふは、からだを乾燥《かんそう》からまもります。

かたい甲《こう》らは、その中《なか》に頭《あたま》や足《あし》をかくして、敵《てき》から身《み》をまもるのに役立《やくだ》ちます。

しかし、甲《こう》らがあるためにからだが重《おも》く、地上《ちじょう》では速《はや》く移動《いどう》することができません。

⬆きけんを感《かん》じて，頭《あたま》や足《あし》を甲《こう》らにかくしたイシガメ。たたかうための武器《ぶき》をとくにもたないカメは，甲《こう》らで身《み》をまもります。

⬆子犬《こいぬ》にじゃれつかれたイシガメ。

⬇身《み》をまもってくれる甲《こう》らも，ひっくりかえったりするとたいへんです。写真《しゃしん》のように，クサガメなどは，首《くび》をつかってかんたんにおきあがりますが，陸《りく》にすむカメのなかまには，甲《こう》らの背《せ》が高《たか》く，ひっくりかえるとおきあがれずに死《し》ぬものもいます。

⬅水《みず》の中《なか》から頭《あたま》だけ出《だ》したクサガメ。一度《ど》空気《くうき》をすいこむと，数分間《すうふんかん》，水《みず》の中《なか》にもぐっていることができます。

⬆目《め》と鼻《はな》のあなを出《だ》しておよぐスッポン。ふつうスッポンは，じっとしていて目鼻《めはな》を出《だ》しますが，およぎながら出《だ》すのはめずらしい光景《こうけい》です。

⬆夜《よる》，ねむっているクサガメの子《こ》ども。ねていても，ときどき水面上《すいめんじょう》に鼻《はな》を出《だ》して呼吸《こきゅう》します。

肺《はい》で呼吸《こきゅう》する

カメのなかまは、陸《りく》でくらすカメも、池《いけ》や川《かわ》、海《うみ》でくらすカメも、みんな空気《くうき》をすいこんで、肺《はい》で呼吸《こきゅう》をします。

多《おお》くのカメの鼻《はな》のあなは、頭《あたま》の先《せん》たんや先《せん》たんの上《うえ》の方《ほう》についています。水面《すいめん》から頭《あたま》を全部出《ぜんぶだ》さなくても、鼻《はな》のあなだけ出《だ》しておけば、空気《くうき》がすえます。

また、ほとんど水中《すいちゅう》でくらすカメのなかには、スッポンのように、首《くび》が長《なが》くなったり、鼻先《はなさき》がのびているものもいます。スッポンは、昼間《ひるま》は、たいてい池《いけ》や沼《ぬま》のどろの中《なか》にかくれ、長《なが》い首《くび》をのばし、目《め》と鼻先《はなさき》だけ出《だ》して呼吸《こきゅう》しています。

●クサガメと水温《すいおん》の関係《かんけい》

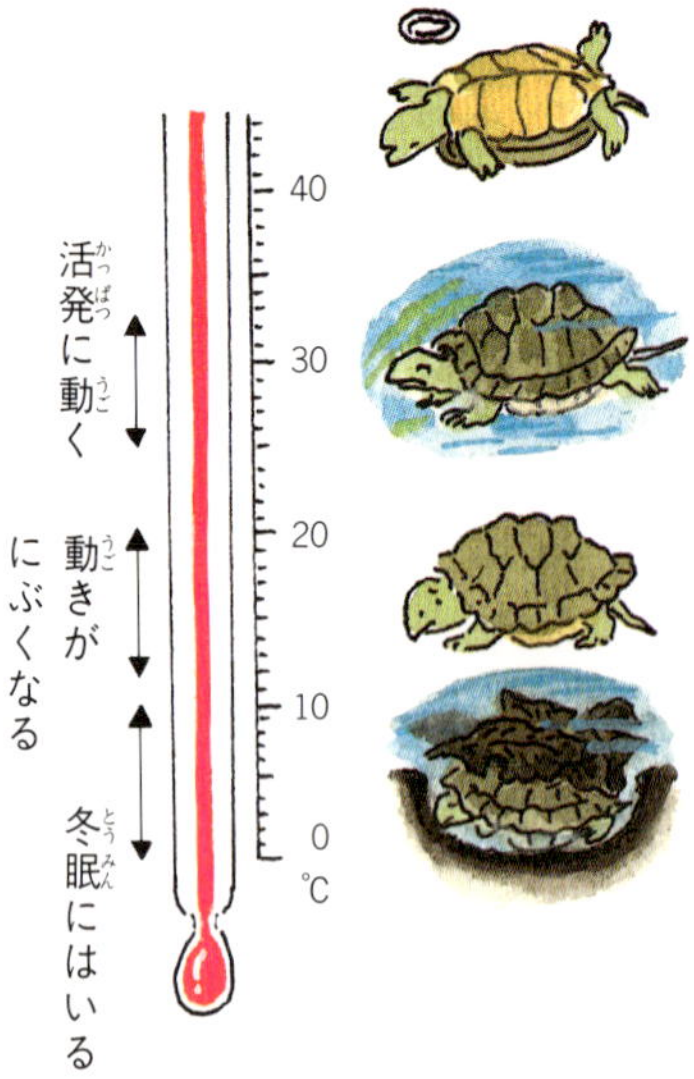

⬆草《くさ》のかげで休《やす》むクサガメ。夏《なつ》の強《つよ》い日《ひ》ざしをさけて，体温《たいおん》があがりすぎないようにしているのです。

体温《たいおん》の調節《ちょうせつ》

カメには、人間《にんげん》のように、体温《たいおん》をいつも一定《いってい》の温度《おんど》にたもつしくみがありません。まわりの温度《おんど》が上下《じょうげ》すると、体温《たいおん》も同《おな》じように上下《じょうげ》してしまいます。そのため、カメは日光浴《にっこうよく》をしたり、水《みず》の中《なか》にはいったりして、体温《たいおん》の調節《ちょうせつ》をしています。

カメが日光浴《にっこうよく》をするのは、体温《たいおん》を調節《ちょうせつ》するためだけではありません。長《なが》い間《あいだ》、日光浴《にっこうよく》をしないでいると、ビタミンが不足《ふそく》して、病気《びょうき》になることもあるのです。

また、夏《なつ》の間《あいだ》は日《ひ》ざしが強《つよ》いため、水《みず》の中《なか》だけでなく、木《こ》かげや、草《くさ》むらなどで体温《たいおん》の調節《ちょうせつ》をすることもあります。

⬆日光浴《にっこうよく》をするたくさんのカメたち。日光浴《にっこうよく》は“甲《こう》らぼし”ともいい，ヒルなどの寄生虫《きせいちゅう》がからだにつくのをふせぐはたらきもしています。

⬆春《はる》もふかまり，日光浴《にっこうよく》をしに出《で》てきたクサガメ。天気《てんき》が悪《わる》いと水《みず》から出《で》てきません。

⬆冬眠《とうみん》からさめて，水面《すいめん》に顔《かお》を出《だ》したイシガメ。まだ気温《きおん》が低《ひく》く，陸《りく》にあがりません。

冬眠《とうみん》からさめて

春《はる》になり、水《みず》がぬるんでくると、水《みず》の底《そこ》や、水《みず》ぎわのどろの中《なか》で冬眠《とうみん》していたカメたちは、目《め》をさまし、活動《かつどう》をはじめます。

水中《すいちゅう》で冬眠《とうみん》していたカメは、水温《すいおん》がセ氏《し》十五度《ど》ぐらいになると、水面《すいめん》にうかびあがってきて、呼吸《こきゅう》をするようになります。

しかし、冬眠《とうみん》からさめてまもないころは、まだ水温《すいおん》が低《ひく》いので、カメは活発《かっぱつ》には動《うご》けません。水中《すいちゅう》をゆっくり移動《いどう》したり、水面《すいめん》から顔《かお》を出《だ》して呼吸《こきゅう》をするくらいです。

えさをさがしたり、水中《すいちゅう》から出《で》て日光浴《にっこうよく》をしたりするのは、水温《すいおん》がセ氏《し》二十度《ど》をこえるようになってからです。

↑5月《がつ》，緑《みどり》のおいしげる湿地《しっち》を歩《ある》いて移動《いどう》するクサガメ。このころは，活動《かつどう》もさかんになり，水《みず》からあがってきます。

水底《すいてい》の砂利《じゃり》に身《み》をかくし，頭《あたま》だけを出《だ》して，魚《さかな》をまちぶせるスッポン。

タナゴを食《た》べるクサガメ。弱《よわ》っている魚《さかな》などは，カメのもっともよいえさです。

カメの食《た》べもの

クサガメやイシガメは、動物質《どうぶつしつ》のものも、植物質《しょくぶつしつ》のものも食《た》べる、雑食性《ざっしょくせい》ですが、どちらかというと、動物質《どうぶつしつ》のものがすきです。

陸上《りくじょう》では動《うご》きのおそいカメも、水中《すいちゅう》では意外《いがい》と動《うご》きは速《はや》く、ザリガニや小魚《こざかな》、水生《すいせい》昆虫《こんちゅう》などをとらえて食《た》べます。また、水草《みずくさ》や死《し》んだ小動物《しょうどうぶつ》なども食《た》べます。

スッポンのなかまは肉食性《にくしょくせい》で、水《みず》の底《そこ》のどろなどに身《み》をかくし、近《ちか》くをとおる魚《さかな》などをおそいます。

カメには、歯《は》がありません。しかし、じょうぶなくちばしと前足《まえあし》をつかい、えさをちぎって食《た》べることができます。

⬆公園《こうえん》の池《いけ》のコイにあたえられたパンくずやフにむらがる，クサガメやイシガメ。生《い》きものや死《し》んだ小動物《しょうどうぶつ》だけでなく，人間《にんげん》のあたえた食《た》べものも食《た》べます。

➡産卵《さんらん》のため陸《りく》にあがったクサガメのめす。上陸《じょうりく》が夕方《ゆうがた》から夜《よる》にかけて多《おお》いのは、外敵《がいてき》から身《み》をまもるためと思《おも》われます。産卵《さんらん》は、雨天《うてん》でも晴天《せいてん》でもおこないます。なお、クサガメやイシガメは、秋《あき》に交尾《こうび》をすませています。

産卵《さんらん》の季節《きせつ》

六月《がつ》ごろになると、クサガメは産卵《さんらん》の季《き》節《せつ》をむかえます。

ハ虫類《ちゅうるい》のなかまは、生《う》まれたときから陸《りく》で生活《せいかつ》できるように進化《しんか》しました。卵《たまご》も乾燥《かんそう》にたえるからをもっています。

ふだんは、水辺《みずべ》や水中《すいちゅう》でくらしているカメも、ほとんど水中《すいちゅう》から出《で》ないスッポンも、産卵《さんらん》は陸上《りくじょう》でおこないます。

産卵《さんらん》をする場所《ばしょ》は、水辺《みずべ》に近《ちか》いところが多《おお》いようです。ときには、水辺《みずべ》から、かなりはなれた畑《はたけ》などに産卵《さんらん》することもあります。このため、途中《とちゅう》で車《くるま》にひかれたりして、死《し》ぬカメもいます。

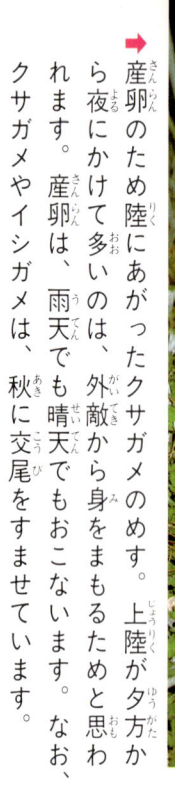

←あなほりをはじめたクサガメのめす。多《おお》くは夕方《ゆうがた》から夜《や》間《かん》ですが、昼間《ひるま》おこなうものもいます。途中《とちゅう》で石《いし》にぶつかったりすると、ほる場所《ばしょ》をかえます。また、外敵《がいてき》にであったりすると、やめてしまうこともあります。

あなほりと産卵《さんらん》

陸《りく》にあがったクサガメのめすは、日《ひ》あたりがよくて、しかも適度《てきど》なしめり気《け》のある場所《ばしょ》をみつけ、卵《たまご》をうむためのあなをほりはじめます。左右《さゆう》のうしろ足《あし》で土《つち》をかき出《だ》し、尿《にょう》を少《すこ》しずつ出《だ》して、土《つち》をぬらしながらあなをほります。

↑土《つち》が光《ひか》ってみえるのは尿《にょう》のせいです。足《あし》にはつめがあるので，あなはほれますが，土《つち》をかき出《だ》すには，あまりてきした形《かたち》ではありません。でも，土《つち》がぬれていると，くっつきあってまとまり，かき出《だ》しやすくなります。尿《にょう》はあなのほりはじめによく出《だ》し，また，雨《あめ》のときでも出《だ》します。

クサガメの産卵《さんらん》のためのあな

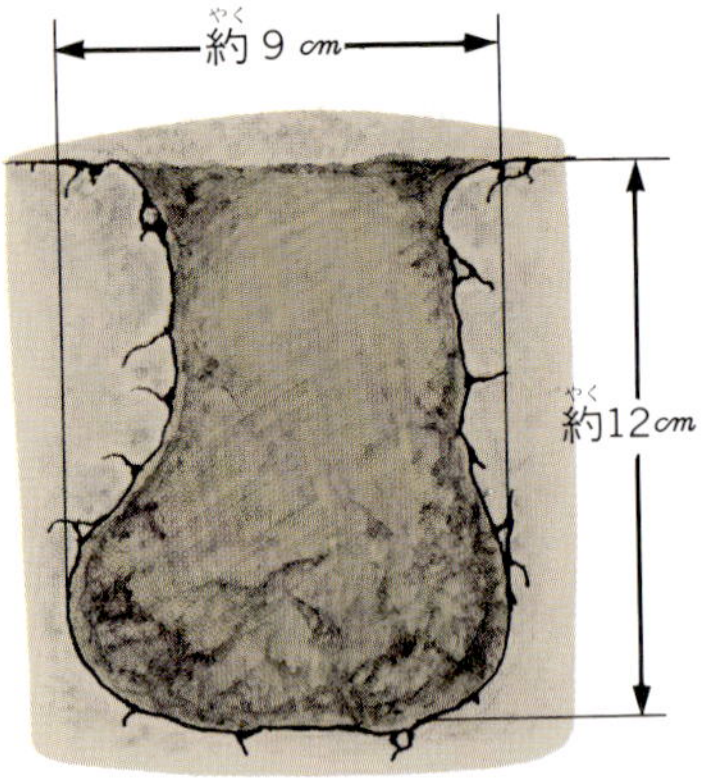

➡ 3～4時間《じかん》かかって，足《あし》がとどかなくなるくらいのふかさのあなをほります。このカメでは，直径約《ちょっけいやく》9㎝，ふかさ約《やく》12㎝ありました。

うしろ足《あし》をいっぱいにのばして、土《つち》にとどかなくなるくらいふかくあなをほると、ほるのをやめ、産卵《さんらん》をはじめます。卵《たまご》は一～二分《ふん》おきに、一つずつうみおとします。そのたびに、卵《たまご》がうまくあなの中《なか》におさまるように、うしろ足《あし》の片方《かたほう》をつかって、卵《たまご》を動《うご》かします。

小型《こがた》のクサガメは、一回《かい》に三～六個《こ》、大型《おおがた》だと、十二～十四個《こ》の卵《たまご》をうみます。

また、一夏《なつ》に、ふつう二回産卵《かいさんらん》をします。二回目《かいめ》の産卵《さんらん》は、一回目《かいめ》の産卵《さんらん》の約《やく》二十日後《かご》です。

ただし、産卵《さんらん》の回数《かいすう》も、カメの大《おお》きさなどで個体差《こたいさ》があります。

←うみおとされる卵《たまご》。卵《たまご》をうむクサガメの大《おお》きさがちがっても，うみおとされる卵《たまご》の大《おお》きさは，ほぼ同《おな》じです。卵《たまご》はだ円形《えんけい》で，短径《たんけい》約《やく》2.4 ㎝，長径《ちょうけい》約《やく》4 ㎝，重《おも》さは約《やく》10グラム。からはかたく，うみおとされた卵《たまご》どうしがぶつかると，コツコツと音《おと》がします。

←あなの中《なか》にうみおとされた卵《たまご》。クサガメやイシガメの卵《たまご》は，からだの割合《わりあい》に対《たい》して，とても大《おお》きいのが特《とく》ちょうです。

↓卵《たまご》をうむたびに，うしろ足《あし》をあなの中《なか》にいれて，卵《たまご》をそーっと動《うご》かしてならべる，クサガメのめす。産卵《さんらん》をはじめてからおわるまで，約《やく》15～20分《ぷん》かかりました。

➡ほり出《だ》した土《つち》を，あなにうめては，うしろ足《あし》でおさえるクサガメのめす。そばでみていると，力《りき》んでいるようすが，はっきりと感《かん》じられました。

産卵《さんらん》をおわって

卵《たまご》をうみおわっためすは、すぐにあなをうめはじめます。うめるときも、左右《さゆう》のうしろ足《あし》をつかい、あなに土《つち》をいれていきます。そのとき、土《つち》をあつめては、両《りょう》うしろ足《あし》でふみかためるという動作《どうさ》をくりかえします。あなをほったときの土《つち》がなくなると、まわりの土《つち》もかきまわします。

こうして、ほったあなの一帯《いったい》は、広《ひろ》いはんいにわたって、土《つち》や草《くさ》をかきむしったあとができ、どこにあながあるのか、わからなくなります。それに、あなは指《ゆび》でおさえてもはいらないくらい、かたくうめられていて、外敵《がいてき》から卵《たまご》をまもるようにくふうされています。

↑あながうまったあとも，まわりの土《つち》や草《くさ》をかきむしり，ねんいりにあなをかくします。産卵《さんらん》がおわってあなをうめて帰《かえ》るまで２時間《じかん》以上《いじょう》かかります。とくに，あなのあとをわからなくするために時間《じかん》をかけます。

←クサガメが去《さ》っていったあとの産卵《さんらん》場所《ばしょ》。草《くさ》や土《つち》をかきむしったはんいは，直径《ちょっけい》70㎝くらい。どこにあながあったのか，ぜんぜんわかりません。

アカウミガメの産卵場所《さんらんばしょ》の一つである徳島県日和《とくしまけんひわ》佐町《さちょう》の大浜海岸《おおはまかいがん》。この浜《はま》は，アカウミガメの産卵《さんらん》場所《ばしょ》として，天然記念物《てんねんきねんぶつ》に指定《してい》されています。

帰《かえ》ってきたアカウミガメ

いつも海《うみ》でくらしているウミガメも、産卵《さんらん》のときだけは、陸《りく》にあがってきます。アカウミガメは、海水《かいすい》の温度《おんど》がセ氏《し》二十度《ど》をこす、五月下旬《がつげじゅん》から産卵《さんらん》をはじめます。四国《しこく》や九州《きゅうしゅう》の産卵場所《さんらんばしょ》では、六〜七月《がつ》にもっとも多《おお》く産卵《さんらん》します。

上陸《じょうりく》をするのは、めすのウミガメだけで、ほとんどが夜間《やかん》にかぎられます。

上陸《じょうりく》をする海岸《かいがん》の沖《おき》には、おすとめすのあつまる場所《ばしょ》があり、そこで交尾《こうび》をしおわったためすだけが、上陸《じょうりく》してきます。

⬆砂浜《すなはま》にあがってきたアカウミガメ。甲《こう》らの長《なが》さは約《やく》100 ㎝。重《おも》さは100 キログラム前後《ぜんご》にもなります。およぐために発達《はったつ》したオールのような足《あし》は，地上《ちじょう》を歩《ある》くのにはむいていません。1分間《ぷんかん》に，5～7 ｍ しか歩《ある》けません。

前後《ぜんご》の足《あし》をつかい，地《じ》ならしをして，産卵場所《さんらんばしょ》をつくっているアカウミガメ。

砂浜《すなはま》にあなをほる

上陸《じょうりく》したアカウミガメのめすは、とても用心《ようじん》ぶかくなっています。物音《ものおと》がしたり、海岸《かいがん》にあかりがついていたりすると、海《うみ》へもどることもあります。

よい産卵場所《さんらんばしょ》をみつけためすは、前《まえ》足《あし》とうしろ足《あし》で砂《すな》をかき、からだが少《すこ》しうまるように、地《じ》ならしをします。

それから、へらのような形《かたち》のうしろ足《あし》で砂《すな》をすくいあげ、直径《ちょっけい》二十センチメートルほどの円柱状《えんちゅうじょう》のあなをほります。そして、足《あし》がとどかないくらいのふかさまでほると、それ以上《いじょう》はほるのをやめ、卵《たまご》をうみはじめます。

⬆地《じ》ならしをしたあとは，頭《あたま》よりうしろの部分《ぶぶん》がさがったかたちになります。こうすることによって，産卵《さんらん》するあなをよりふかくほることができます。

⬅左右《さゆう》のうしろ足《あし》をかならず交《こう》ごにいれ，砂《すな》をほり出《だ》します。石《いし》や砂利《じゃり》にぶつかると，場所《ばしょ》をかえることがあります。あなほりには，20～40分《ぷん》くらいかけます。

●アカウミガメの産卵《さんらん》のためのあな

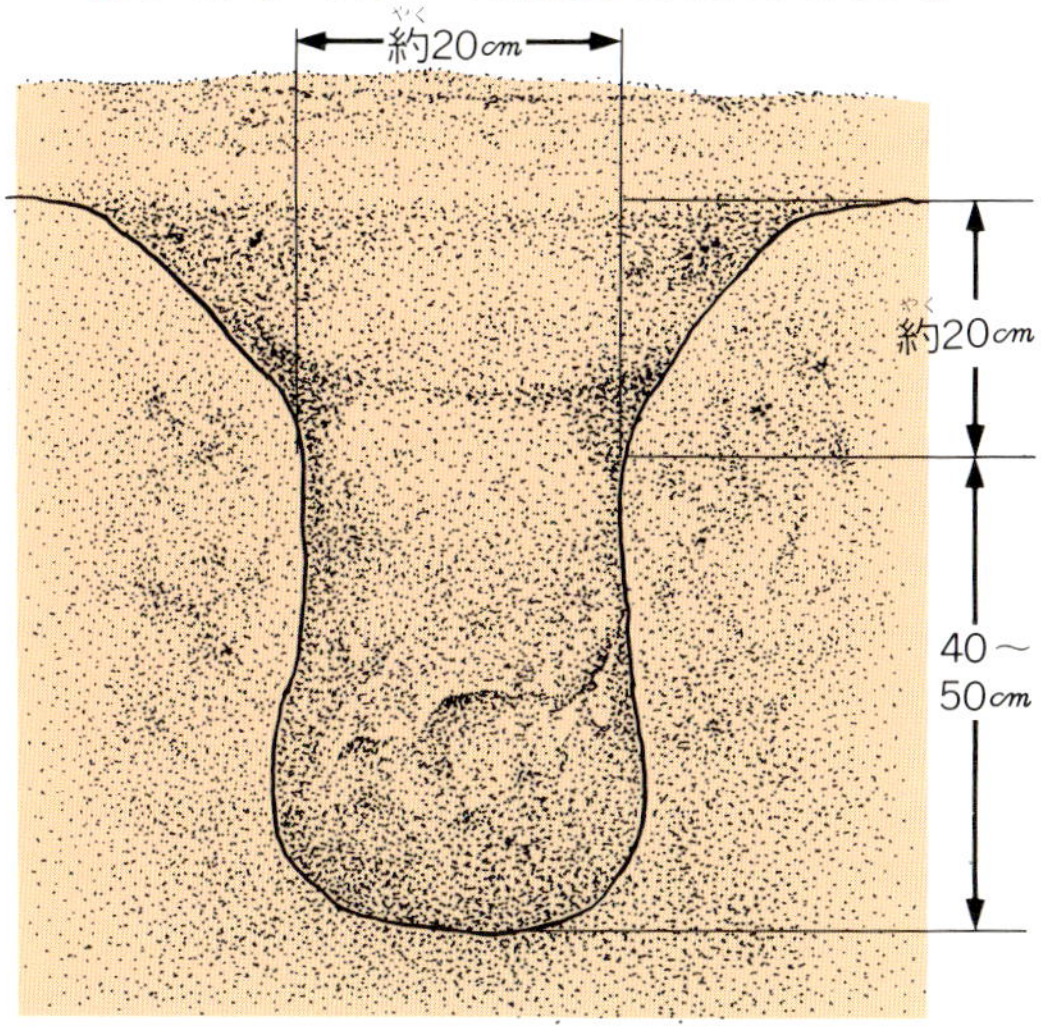

⬇へらのような足《あし》は，あなをほるのにつごうよくできています。40～50cmくらいのふかさのあなをほることができます。

産卵中《さんらんちゅう》のアカウミガメの目《め》。目《め》から出《で》ている液体《えきたい》は，なみだではありません。食《た》べものといっしょにのみこんだ海水《かいすい》中《ちゅう》の塩類《えんるい》を，目《め》の上《うえ》にある器官《きかん》から出《だ》しているのが，なみだのようにみえるのです。この液体《えきたい》は空気中《くうきちゅう》で，目《め》をまもる役目《やくめ》もするといわれています。

⬆アカウミガメの卵《たまご》は，まるくて弾力《だんりょく》があります。クサガメの卵《たまご》がだ円形《えんけい》でかたかったのと，まったくちがいます。直径《ちょっけい》は約《やく》4㎝，重《おも》さは35グラムくらいです。

アカウミガメの産卵《さんらん》

クサガメは、卵《たまご》を一個《こ》ずつうみおとしましたが、アカウミガメは、なん個《こ》もの卵《たまご》を、つづけてうみおとします。二十～三十分《ぷん》の間《あいだ》に平均《へいきん》百二十個《こ》、多《おお》いときは、二百個《こ》近《ちか》くの卵《たまご》をうみます。

産卵《さんらん》がおわったアカウミガメは、あなをうめて、海《うみ》へ帰《かえ》っていきます。

アカウミガメが上陸《じょうりく》したり、海《うみ》へ帰《かえ》っていったりした浜《はま》には、まるでブルトーザーがとおったような、足《あし》あとがのこっています。でも、なん日《にち》かすると、風《かぜ》や波《なみ》できえ、どこに産卵《さんらん》したのか、わからなくなってしまいます。

↑産卵後《さんらんご》，あなをうめるアカウミガメ。あなをうめたあと，はじめはうしろ足《あし》でかため，そのあと前足《まえあし》で，まわりの砂《すな》をふりかけるようにかぶせます。卵《たまご》のうまっているふかさの地中《ちちゅう》の温度《おんど》は，暑《あつ》い日中《にっちゅう》でも，夜間《やかん》でも，セ氏《し》30度《ど》前《ぜん》後《ご》でした。

←あなをうめおわったあと，海《うみ》へ帰《かえ》るアカウミガメ。一夏《なつ》に，２～３回上陸《かいじょうりく》をして産卵《さんらん》します。産卵《さんらん》は毎年《まいねん》でなく，１年《ねん》おきが多《おお》いようです。

⬆地上《ちじょう》にはい出《だ》す子《こ》ガメたち。出《で》てくるのは，きけんの少《すく》ない夜《よる》から朝《あさ》にかけてです。子《こ》ガメが出《で》た場所《ばしょ》は，砂浜《すなはま》が少《すこ》しへこんでいます。

⬅海《うみ》にむかって，いちもくさんに走《はし》っていく子《こ》ガメ。甲《こう》らの長《なが》さ約《やく》4㎝，重《おも》さは20グラムぐらいです。

アカウミガメのたん生《じょう》

産卵《さんらん》から約《やく》二か月《げつ》すると、地《ち》中《ちゅう》で卵《たまご》がふ化《か》します。

しかし、ふ化《か》したばかりのときは、卵黄《らんおう》といって、卵《たまご》の中《なか》にいたときの栄養分《えいようぶん》の一部《いちぶ》が、まだ腹《はら》についています。そのため、すぐに地上《ちじょう》には出《で》てきません。

①

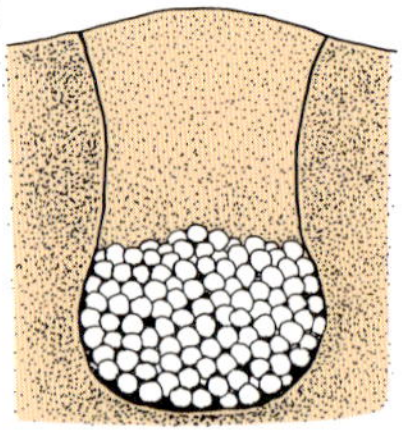

卵《たまご》は地表《ちひょう》から約《やく》60～70㎝のふかさのあなの底《そこ》にあります。卵《たまご》と卵《たまご》はかさなりあって，わずかなすきまがあります。呼吸《こきゅう》や温度《おんど》の調節《ちょうせつ》に役《やく》立《だ》っているようです。

②

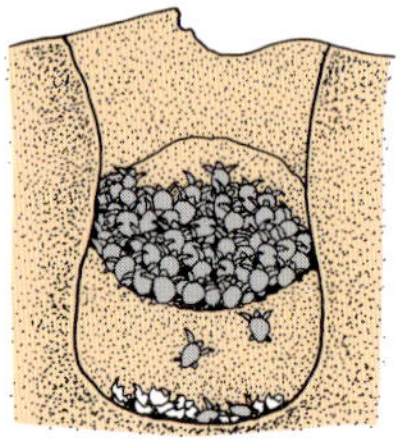

子《こ》ガメがふ化《か》して動《うご》くと，天井《てんじょう》の砂《すな》が少《すこ》しずつおちて，子《こ》ガメの下《した》にたまります。卵《たまご》のときのすきまは，子《こ》ガメたちが動《うご》けるだけの空《くう》間《かん》もつくっています。

③

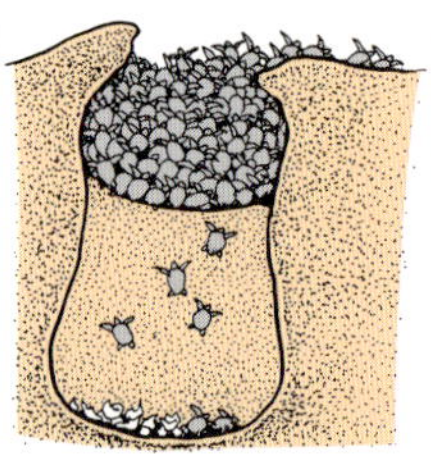

子《こ》ガメたちは，かたまりになり，しだいに移《い》動《どう》して，地上《ちじょう》にはい出《だ》します。なかには，いっしょにあがれずにとりのこされて，死《し》んでしまう子《こ》ガメもいます。

一週間《しゅうかん》くらいたち、なかまの子《こ》ガメが卵《たまご》から出《で》そろったころには、卵黄《らんおう》もなくなっています。
たくさんの子《こ》ガメたちは、力《ちから》をあわせるようにして、少《すこ》しずつ地上《ちじょう》にむかって砂《すな》をほりすすみ、やがて地上《ちじょう》へ出《で》てきます。
一ぴきが出《で》ると、つぎつぎに出《で》てきますが、全部《ぜんぶ》がいちどに出《で》るわけではありません。一〜二日《にち》おくれる子《こ》ガメもいます。
地上《ちじょう》に出《で》た子《こ》ガメたちは、まるで海《うみ》にひきよせられるように、波《なみ》うちぎわまで走《はし》っていきます。

➡波《なみ》うちぎわまでやってきた子《こ》ガメたち。あなから出《で》たときはいっしょだった子《こ》ガメたちも，波《なみ》うちぎわにつくころには，バラバラになってしまいます。

⬇子《こ》ガメたちは，海《うみ》にはいるとどうじにおよぎだします。すぐに波間《なみま》にきえていくカメ，なん度《ど》か浜《はま》にもどされながらやがてきえていくカメ。しかし，海《うみ》へ出《で》た子《こ》ガメが全部《ぜんぶ》大《おお》きくなれるわけではありません。おとなのカメになるまでには，5年《ねん》以《い》上《じょう》もかかります。親《おや》になって，ふたたびこの海岸《かいがん》にもどってこれるのは，100ぴきのうち1ぴきいるかどうかです。

⬆卵《たまご》のはしにひびがはいると，子《こ》ガメは，前《まえ》足《あし》をつかって，卵《たまご》のからをわります。

⬆卵《たまご》のからがやぶられると，最初《さいしょ》に出《で》てくるのは，鼻《はな》や顔《かお》です。空気《くうき》をすうのです。

クサガメのたん生《じょう》

六〜七月《がつ》にうみおとされたクサガメの卵《たまご》は、ふつう、二か月《げつ》くらいでふ化《か》します。しかし、低温《ていおん》や雨《あめ》がつづいたりすると、ふ化《か》する時期《じき》がおくれることがあります。

ふ化《か》が近《ちか》づくと、卵《たまご》に小《ちい》さな割《わ》れ目《め》ができます。子《こ》ガメには、鼻《はな》の先《さき》に卵嘴《らんし》という、とっきがあり、それで割《わ》れ目《め》をつくります。

やがて、前足《まえあし》でからがやぶられます。子《こ》ガメは、そのあなから鼻《はな》や顔《かお》を出《だ》し、空気《くうき》をすって呼吸《こきゅう》します。数時間《すうじかん》から、ときには一日《にち》近《ちか》く、卵《たまご》から顔《かお》を出《だ》したり、ひっこめたりしていますが、そのうち、からだ全《ぜん》体《たい》の力《ちから》をつかって、卵《たまご》から出《で》てきます。

⬆卵《たまご》からはい出《だ》す子《こ》ガメ。前足《まえあし》で卵《たまご》にあなをあけてから約《やく》６時間後《じかんご》でした。体長《たいちょう》は約《やく》３㎝，体重《たいじゅう》は６～８グラム。卵嘴《らんし》は，２～３週間《しゅうかん》たつと体内《たいない》に吸収《きゅうしゅう》されて，わからなくなります。写真《しゃしん》は，卵《たまご》を産卵《さんらん》したあなからとり出《だ》して写《うつ》しました。

産卵後《さんらんご》，約《やく》２か月半《げつはん》。卵《たまご》のうまっている土《つち》をほってみました。ふつうは，このままで，春《はる》までじっとしているものが多《おお》いのです。

地上《ちじょう》に顔《かお》を出《だ》した子《こ》ガメ。首《くび》をのばして用心《ようじん》ぶかく，さかんにあたりをみまわします。

地上《ちじょう》にはい出《だ》す子《こ》ガメ

卵《たまご》から出《で》たクサガメの子《こ》どもは、すぐに、地上《ちじょう》にはい出《だ》してくるわけではありません。

早《はや》い時期《じき》にふ化《か》したもののなかには、その年《とし》に地上《ちじょう》に出《で》るものもいます。でも、多《おお》くの子《こ》ガメは、そのまま土《つち》の中《なか》で冬《ふゆ》をこし、よく年《ねん》の春《はる》、地上《ちじょう》へはい出《だ》してきます。

子《こ》ガメは、よく年《ねん》の春《はる》まで、なにも食《た》べなくても、生《い》きていけるだけの栄《えい》養分《ようぶん》を、からだにそなえているのです。

子《こ》ガメが地上《ちじょう》に出《で》てくるのは、雨《あめ》などで地面《じめん》がやわらかくなったときです。

↑安全《あんぜん》だとわかると，子《こ》ガメは力《ちから》をふりしぼって地上《ちじょう》に出《で》てきます。ウミガメとちがい，卵《たまご》の数《かず》が少《すく》ないため，ぞろぞろとは出《で》てきません。地上《ちじょう》に出《で》た子《こ》ガメは，草《くさ》むらなどにまぎれて，どこへいったかわからなくなってしまいます。

➡水辺《みずべ》にむかって歩《ある》くクサガメの子《こ》ども。この子《こ》ガメは，まえの年《とし》にふ化《か》しましたが，そのままあなの中《なか》で年《とし》をこし，春先《はるさき》に出《で》てきました。あなから出《で》てきたばかりで，どろにまみれています。

⬅水草《みずくさ》の間《あいだ》から，鼻《はな》だけ出《だ》して呼吸《こきゅう》をするクサガメの子《こ》ども。きけんを感《かん》じると，すぐ水《みず》の中《なか》にもぐります。水《みず》から外《そと》へ出《で》て，日光浴《にっこうよく》をすることは，あまりありません。

⬇水辺《みずべ》にたどりついたクサガメの子《こ》ども。水《みず》のふかさは約《やく》5㎝。

浅瀬《あさせ》でのくらし

地上《ちじょう》にはい出《だ》したクサガメの子《こ》どもは、水辺《みずべ》をめざして歩《ある》き、やがて、小川《おがわ》やたんぼなどにたどりつきます。

しかし、すぐに親《おや》ガメと同《おな》じようなくらしができるわけではありません。

子《こ》ガメは、まだ水《みず》にうまくういたり、およいだりすることができません。ふかいところにいくと、おぼれてしまいます。

ですから、子《こ》ガメが最初《さいしょ》にくらす場所《ばしょ》は、水底《すいてい》に足《あし》をつけて首《くび》をのばせば、水面《すいめん》に鼻《はな》が出《だ》せるくらいの浅瀬《あさせ》です。水草《みずくさ》などに身《み》をかくし、ボウフラやイトミミズなどを食《た》べ、ほとんど水《みず》の中《なか》でくらします。

➡岸《きし》にあがって休《やす》むクサガメの子《こ》ども。大《おお》きくなると，水辺《みずべ》を移動《いどう》して，ほかの池《いけ》や川《かわ》にいくものもいます。

⬇およぐクサガメの子《こ》ども。およぎがうまくなったといっても，親《おや》ガメのように長《なが》くおよいでいることはできません。およぎつかれたところを外敵《がいてき》におそわれることもあります。

↑アメリカザリガニに食《た》べられるクサガメの子《こ》ども。およぎつかれたり，おぼれたりするときけんです。

←死《し》んだ魚《さかな》を食《た》べるクサガメの子《こ》ども。子《こ》ガメは，おもに魚《さかな》や虫《むし》などを食《た》べます。

子《こ》ガメの成長《せいちょう》

春《はる》に地上《ちじょう》へはい出《だ》し、水辺《みずべ》でくらしはじめたクサガメの子《こ》どもは、夏《なつ》になると、およぎもうまくなります。陸《りく》にあがって、日光浴《にっこうよく》もよくするようになります。

また、うまれたときはやわらかだった甲《こう》らも、かたくなってきます。

しかし、すべての子《こ》ガメが、順調《じゅんちょう》に成長《せいちょう》できるわけではありません。地上《ちじょう》ではカラスやイタチ、水中《すいちゅう》ではザリガニなどにおそわれることがあります。また、食《た》べものがとれずに、成長《せいちょう》がおくれてしまうものもいます。

➡秋《あき》の日《ひ》ざしのもとで，甲《こう》らぼしをするクサガメの子《こ》どもたち。これらの子《こ》ガメは，春《はる》に出《で》てきたものですが，食《た》べものの量《りょう》などで，成長《せいちょう》に差《さ》があります。

秋《あき》になると、クサガメの子《こ》どもは、甲《こう》らの長《なが》さは、うまれたときの約《やく》二倍《ばい》、体重《たいじゅう》は、約《やく》五倍《ばい》にもなっています。

やがて冬《ふゆ》が近《ちか》づき、気温《きおん》がさがってくると、クサガメの親《おや》も子《こ》どもも、食《た》べものをほとんどとらなくなります。ときどき、日光浴《にっこうよく》をするるだけです。そして、水温《すいおん》がセ氏《し》十度《ど》よりさがると、ほとんど水面《すいめん》に出《で》てこなくなります。

カメには、あつまって冬眠《とうみん》する性質《せいしつ》がありります。たくさんのカメのいる池《いけ》などでは、秋《あき》のおわりになると、おす、めすのカメがあつまり、冬眠《とうみん》まえに、水中《すいちゅう》で交尾《こうび》をします。

しかし、子《こ》ガメたちがどのようにして冬眠《とうみん》するのか、くわしいことはわかっていません。

⬅日光浴《にっこうよく》をするクサガメの子《こ》ども。秋《あき》になり，水温《すいおん》がさがるとあまり活動《かつどう》しなくなります。

⬇秋《あき》の天気《てんき》のよい日《ひ》に，陸《りく》へあがってきたクサガメのおす(左《ひだり》)とめす。おすは成長《せいちょう》すると，全体《ぜんたい》に黒《くろ》っぽくなり，首《くび》にあった黄《おう》緑色《りょくしょく》のもようがなくなります。

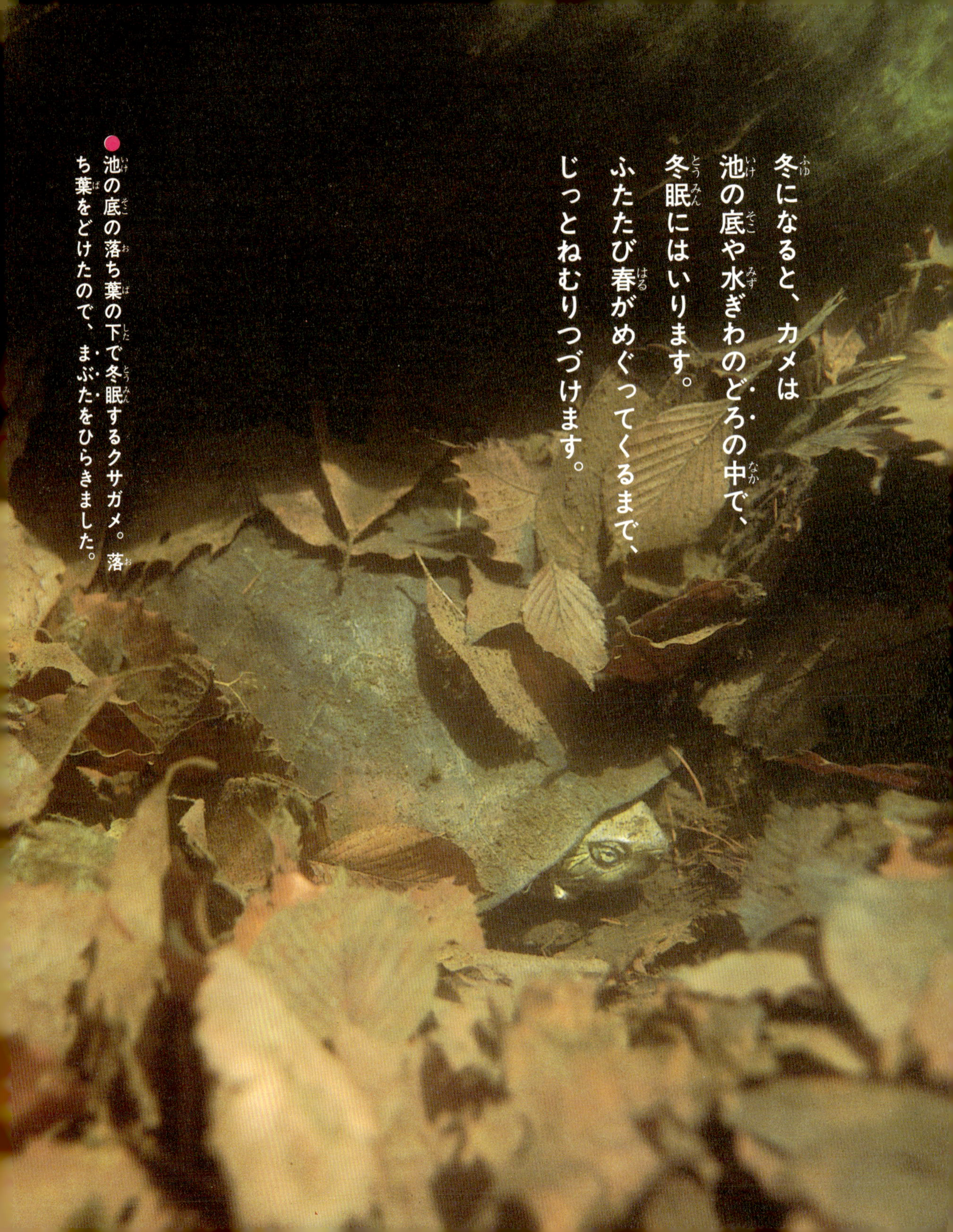

冬《ふゆ》になると、カメは
池《いけ》の底《そこ》や水《みず》ぎわのどろの中《なか》で、
冬眠《とうみん》にはいります。
ふたたび春《はる》がめぐってくるまで、
じっとねむりつづけます。

●池《いけ》の底《そこ》の落《お》ち葉《ば》の下《した》で冬眠《とうみん》するクサガメ。落《お》ち葉《ば》をどけたので、まぶたをひらきました。

ハ虫類《ちゅうるい》の進化《しんか》

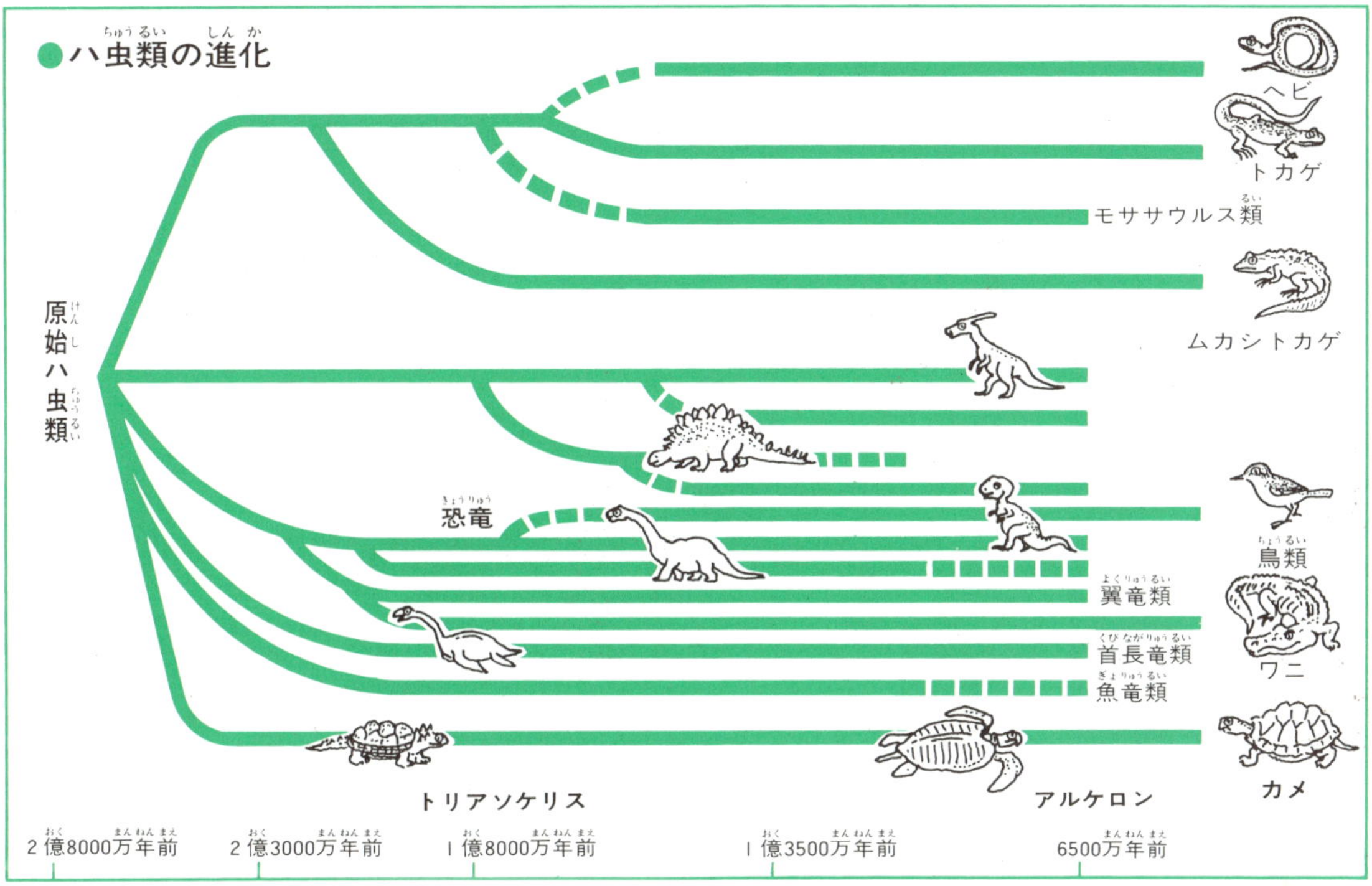
ヘビ
トカゲ
モササウルス類《るい》
ムカシトカゲ
原始《げんし》ハ虫類《ちゅうるい》
恐竜《きょうりゅう》
鳥類《ちょうるい》
翼竜類《よくりゅうるい》
ワニ
首長竜類《くびながりゅうるい》
魚竜類《ぎょりゅうるい》
カメ
トリアソケリス
アルケロン
2億《おく》8000万年前《まんねんまえ》
2億《おく》3000万年前《まんねんまえ》
1億《おく》8000万年前《まんねんまえ》
1億《おく》3500万年前《まんねんまえ》
6500万年前《まんねんまえ》

いまから約《やく》二億《おく》八千《せん》万《まん》年《ねん》前《まえ》、肺《はい》で呼吸《こきゅう》し、乾燥《かんそう》にたえられるしくみをもったハ虫類《ちゅうるい》が、地球上《ちきゅうじょう》にあらわれました。その後《ご》、ハ虫類《ちゅうるい》は進化《しんか》して、恐竜《きょうりゅう》とよばれる大型《おおがた》のハ虫類《ちゅうるい》がさかえました。恐竜《きょうりゅう》は、いまから約《やく》二億《おく》三千《ぜん》万《まん》年《ねん》前《まえ》にあらわれ、約《やく》六千《せん》五百《ひゃく》万《まん》年《ねん》前《まえ》に、きゅうにその姿《すがた》を地球上《ちきゅうじょう》から消《け》しました。

カメの先祖《せんぞ》が地球上《ちきゅうじょう》にあらわれたのも、恐竜《きょうりゅう》の時《じ》代《だい》です。原始的《げんしてき》なカメのひとつ、トリアソケリスは、すでに甲《こう》らをもっていました。しかし、首《くび》や尾《お》を甲《こう》らの中《なか》にひっこめることはできませんでした。

また、恐竜時代《きょうりゅうじだい》のおわりごろ、海《うみ》で生《い》きていたアルケロンというカメは、現在《げんざい》の海《うみ》ガメとにていますが、体長《たいちょう》が四メートルもある巨大《きょだい》なカメでした。

同《おな》じハ虫類《ちゅうるい》でも、現在《げんざい》生《い》きているヘビやトカゲは、大《おお》むかしのハ虫類《ちゅうるい》とかなりちがった形《かたち》をしています。それに対《たい》してカメは、恐竜時代《きょうりゅうじだい》と大《おお》きさこそちがえ、ほとんどかわらない姿《すがた》をして、いまも生《い》きています。

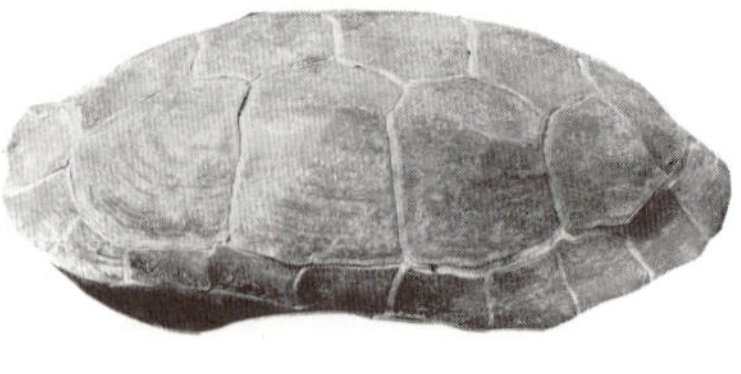

▲クサガメのせなか側《がわ》の甲《こう》ら

▲腹側《はらがわ》の甲《こう》らを上《うえ》にしたところ。腹《はら》の甲《こう》らとせなかの甲《こう》らをつないでいる部分《ぶぶん》がブリッジです。

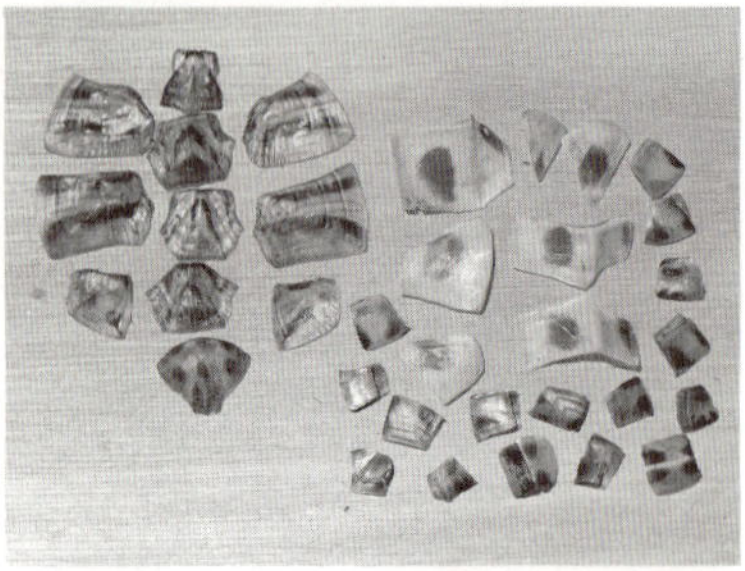

◀ミシシッピーアカミミガメのはがれおちた甲《こう》らのうろこ状《じょう》の部分《ぶぶん》。きゅうな環境変化《かんきょうへんか》にあうと、はがれおちることが多《おお》いようです。

◀甲《こう》らはつなぎめがずれてかさなっています。写真《しゃしん》は、クサガメのせなかの甲《こう》らをバラバラにしてみたところです。

カメが、恐竜《きょうりゅう》のさかえた大《おお》むかしからあまり姿《すがた》をかえることもなく、いまも生《い》きつづけているひみつは、甲《こう》らをもつからだにあります。甲《こう》らをもつからだは、すばやく動《うご》きまわることこそできませんが、外敵《がいてき》や環境《かんきょう》の変化《へんか》から身《み》をまもるには、とてもよくできています。

すでにみてきたように、甲《こう》らは皮《ひ》ふと骨《ほね》が変化《へんか》してできたものです。表面《ひょうめん》は、皮《ひ》ふがかたくなってうろこ状《じょう》になっています。これは角質化《かくしつか》といって、人間《にんげん》でいうと、皮《ひ》ふの一部《いちぶ》がつめにかわったのと同《おな》じです。その下《した》は皮《ひ》ふが骨《ほね》のようにかたくなっています。せなかの甲《こう》らでは、さらにその下《した》を、せきつい骨《こつ》やろっ骨《こつ》がささえています。

一見《いっけん》、石《いし》のようにみえる甲《こう》らも、皮《ひ》ふが変化《へんか》したものなので、呼吸《こきゅう》もしています。甲《こう》らのやわらかいスッポンでは、肺《はい》で呼吸《こきゅう》するより、甲《こう》らの皮《ひ》ふをとおして呼吸《こきゅう》する酸素《さんそ》の量《りょう》のほうが多《おお》いといわれています。

また、カメの甲《こう》らは古《ふる》くなると、表面《ひょうめん》からうすくはがれおち、下《した》には新《あたら》しい甲《こう》らが成長《せいちょう》していきます。

カメが小《ちい》さいときは，おすとめすの区《く》別《べつ》はむずかしくてわかりません。しかし，大《おお》きくなったカメでは，尾《お》の長《なが》さや太《ふと》さ，肛門《こうもん》(総排《そうはい》せつこう)の位置《いち》などでみわけられます。肛門《こうもん》が甲《こう》らより外側《そとがわ》にあるのがおす，内側《うちがわ》にあるのがめすです。

とくに，おすとめすが同《おな》じくらいの大《おお》きさだと，尾《お》の太《ふと》さだけでだいたい区別《くべつ》がつきます。太《ふと》い方《ほう》がおすです。

●クサガメのおすとめすのみわけかた

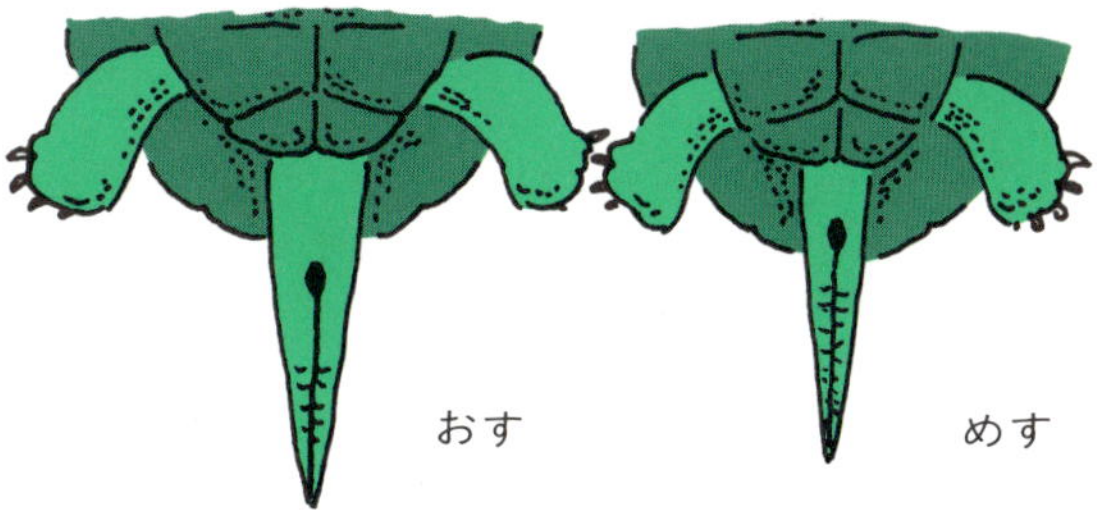
おす
めす

●クサガメのからだ（おす）

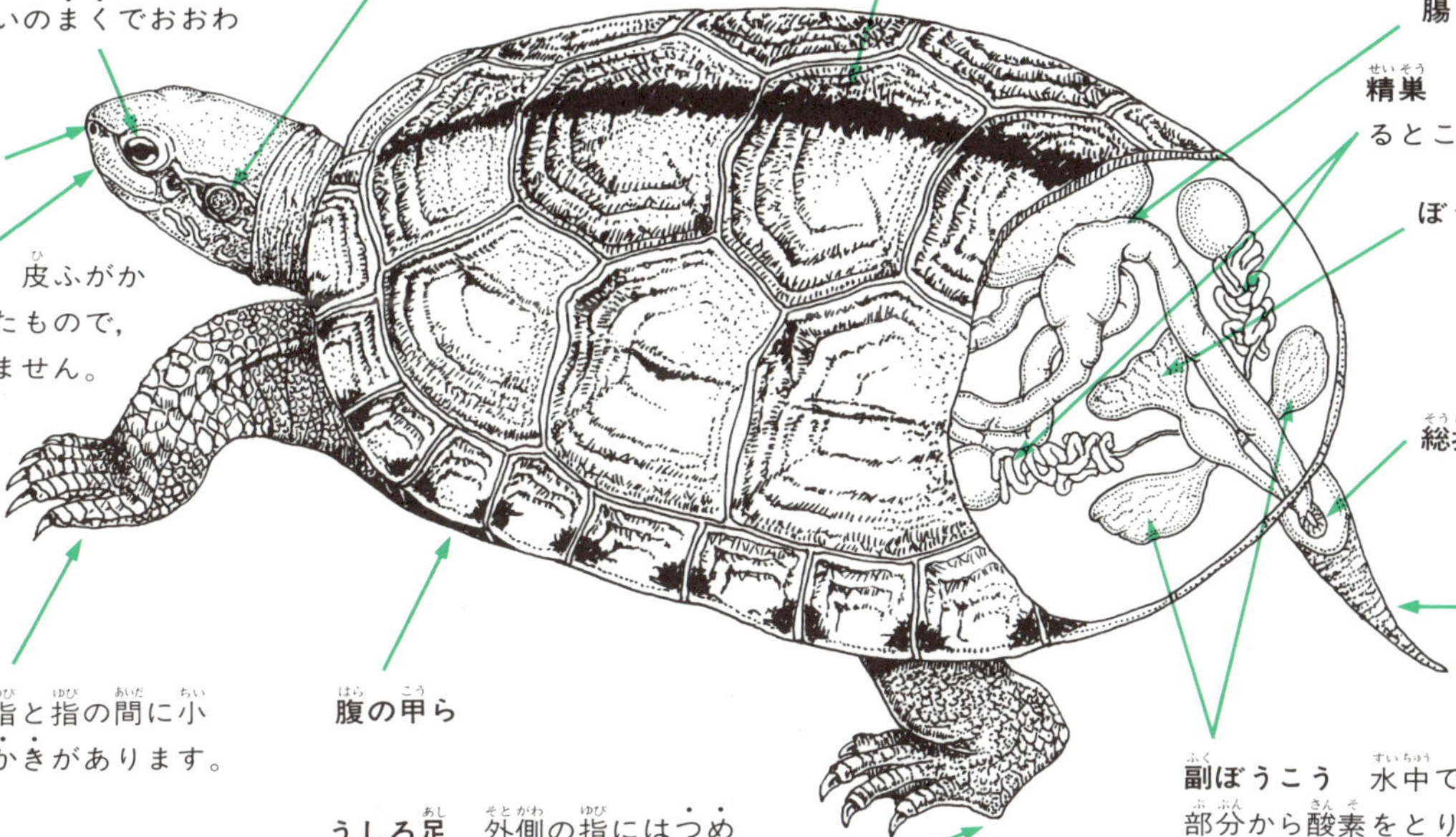
耳《みみ》 外耳《がいじ》はなく，小《ちい》さなこまくがあります。
せなかの甲《こう》ら
目《め》 視力《しりょく》はよく，水中《すいちゅう》では半《はん》とうめいのまくでおおわれます。
鼻《はな》のあな
くちばし 皮《ひ》ふがかたくなったもので，歯《は》はありません。
腸《ちょう》
精巣《せいそう》 精子《せいし》をつくるところ。
ぼうこう
総排《そうはい》せつこ
尾《お》
前《まえ》あし 指《ゆび》と指《ゆび》の間《あいだ》に小《ちい》さなみずかきがあります。
腹《はら》の甲《こう》ら
うしろ足《あし》 外側《そとがわ》の指《ゆび》にはつめがなく，みずかきが発達《はったつ》しています。
副《ふく》ぼうこう 水中《すいちゅう》ではこの部分《ぶぶん》から酸素《さんそ》をとりいれて皮《ひ》ふ呼吸《こきゅう》をしています。

●すんでいる場所《ばしょ》でちがうカメの足《あし》の形《かたち》

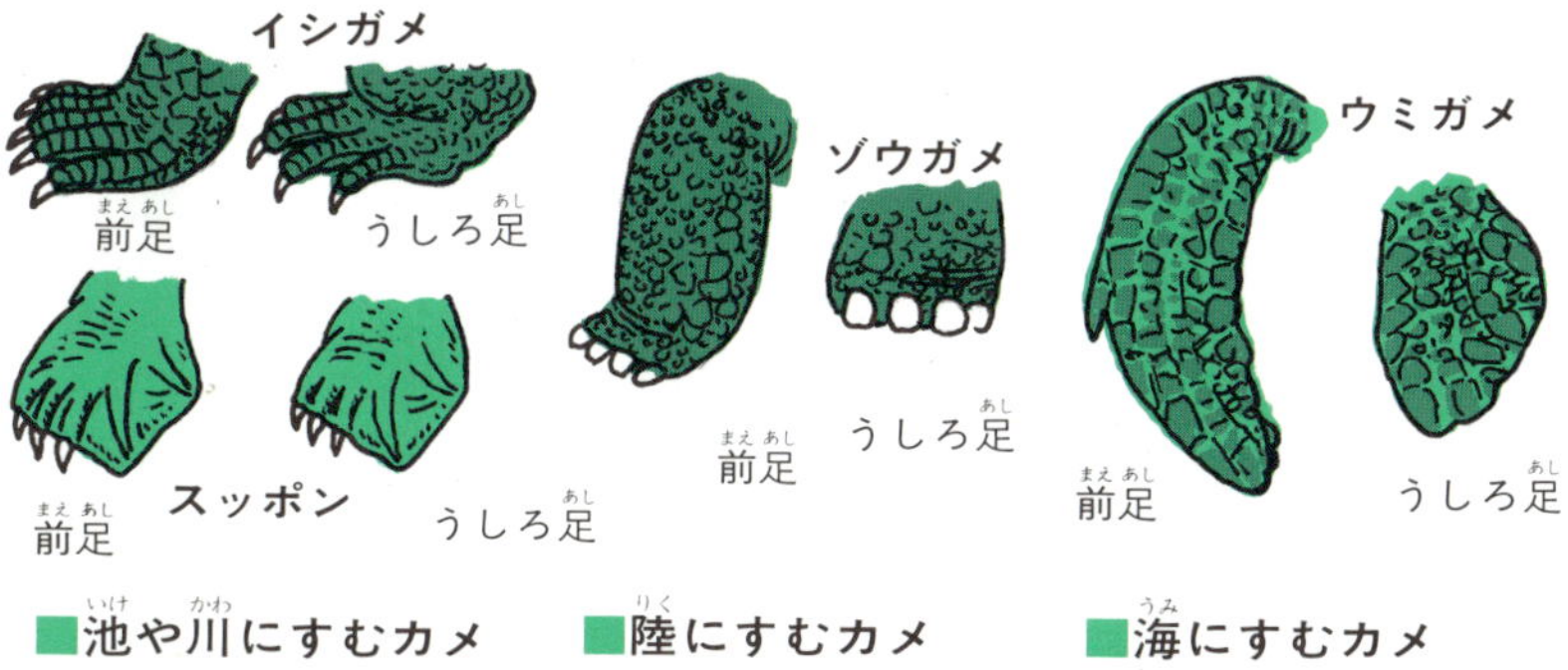
イシガメ
前足《まえあし》
うしろ足《あし》
スッポン
前足《まえあし》
うしろ足《あし》
■池《いけ》や川《かわ》にすむカメ
ゾウガメ
前足《まえあし》
うしろ足《あし》
■陸《りく》にすむカメ
ウミガメ
前足《まえあし》
うしろ足《あし》
■海《うみ》にすむカメ

池《いけ》や川《かわ》にすみ，陸《りく》にもあがるなかまは，足《あし》の指《ゆび》がはっきりわかり，指《ゆび》の間《あいだ》には，みずかきもあります。

陸《りく》にだけすむなかまは，足《あし》が太《ふと》いぼうのような形《かたち》です。つめはわかりますが，指《ゆび》の一本《いっぽん》一本《いっぽん》はあまり区別《くべつ》がつきません。

海《うみ》にすむカメのなかまの前足《まえあし》は，ボートのオールのような形《かたち》で，うしろ足《あし》は，ひれ状《じょう》です。

▲**マタマタ** 甲《こう》らの長《なが》さ約《やく》40㎝，曲《きょく》けい類《るい》。南《みなみ》アメリカのブラジルやベネズエラなどにすんでいます。鼻《はな》はシュノーケルのように長《なが》く，ほとんど水中《すいちゅう》でくらします。頭《あたま》や首《くび》にあるヒラヒラする突起《とっき》で魚《さかな》をおびきよせ，近《ちか》くにきたところを，一気《いっき》にのみこんでしまいます。

●潜《せん》けい類《るい》

首《くび》をS《エス》の字《じ》にまげて，甲《こう》らにかくします。

●曲《きょく》けい類《るい》

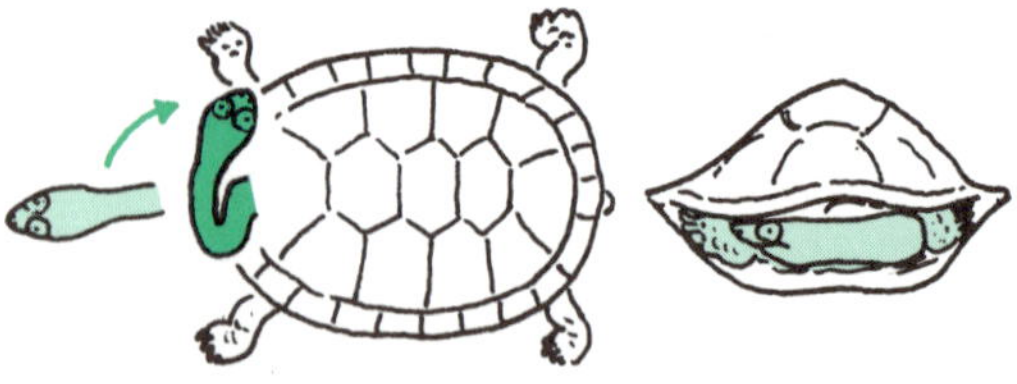

首《くび》をいったんまっすぐひっこめ，そのあと横《よこ》にして甲《こう》らにかくします。

世界《せかい》には、約《やく》二百《ひゃく》二十種類《しゅるい》のカメがすんでいます。ほかのハ虫類《ちゅうるい》と同《おな》じように、熱帯《ねったい》や亜熱帯《あねったい》地方《ちほう》に多《おお》く、すんでいる場所《ばしょ》も、池《いけ》や川《かわ》、陸《りく》、海《うみ》などさまざまです。なかには、砂漠《さばく》にすむ種類《しゅるい》もあります。

カメのなかまは、首《くび》を甲《こう》らの中《なか》にひっこめるときのようすから、大《おお》きく二つにわけられます。ひとつは潜《せん》けい類《るい》といい、横《よこ》からみてS《エス》字状《じじょう》に首《くび》をまげ、頭《あたま》を甲《こう》らの中《なか》にひっこめるなかまです。もうひとつは、曲《きょく》けい類《るい》といい、首《くび》を横《よこ》にまげて、頭《あたま》を甲《こう》らの中《なか》にひっこめるなかまです。曲《きょく》けい類《るい》は、南半球《みなみはんきゅう》にすんでいます。

日本《にっぽん》には、リュウキュウヤマガメやセマルハコガメのように、めったに水《みず》にはいらないカメもいますが、完全《かんぜん》に陸《りく》だけでくらすカメはいません。

ところが世界《せかい》には、水辺《みずべ》からまったくはなれてくらすカメもいます。陸《りく》ガメです。陸《りく》ガメは一般《いっぱん》に甲《こう》らがかたく、せなかが高《たか》くもりあがっていて、地上《ちじょう》を歩《ある》くのに適《てき》したじょうぶな足《あし》をもっています。

▲**ガラパゴスゾウガメ**　もっとも大《おお》きくなる陸《りく》ガメで，最大《さいだい》は，甲《こう》らの長《なが》さが1.2 ｍにもなり，じょうぶな甲《こう》らと強《つよ》い足《あし》をもっています。南《みなみ》アメリカのガラパゴス諸島《しょとう》にすみ，ほとんど，サボテンなどの植物質《しょくぶつしつ》のものを食《た》べています。インド洋《よう》のアルダブラ諸島《しょとう》や，セーシエル諸島《しょとう》にも近《ちか》いなかまがすんでいます。

▲**ワニガメ**　甲《こう》らの長《なが》さ約《やく》60㎝。北《きた》アメリカにすみ，ほとんど水中《すいちゅう》でくらしています。水中《すいちゅう》で口《くち》をひらき，舌《した》についているミミズのような突起《とっき》を赤《あか》く色《いろ》をかえて動《うご》かし，小魚《こさかな》などをおびきよせてとらえます。あごの力《ちから》がとても強《つよ》く，かまれるときけんです。

▶**パンケーキガメ**　甲《こう》らの長《なが》さ約《やく》15㎝の小型《こがた》の陸《りく》ガメ。アフリカ東部《とうぶ》にすみ，植物《しょくぶつ》を食《た》べています。陸《りく》ガメとしては，やわらかくひらたい甲《こう》らです。岩《いわ》の多《おお》い場所《ばしょ》にすみ，きけんがせまると岩《いわ》のすきまにはいり，空気《くうき》をすいこんでからだをふくらませます。ひっぱりだそうとしても，岩《いわ》の間《あいだ》にはさまって，外《そと》にはひっぱりだせません。

▲**ヒョウモンガメ**　中型《ちゅうかた》の陸《りく》ガメのなかま。甲《こう》らの長《なが》さは，最大《さいだい》70㎝くらい。せなかが高《たか》くもりあがり，地面《じめん》を歩《ある》くには安定《あんてい》していますが，ひっくりかえるとおきあがることができません。アフリカの乾燥《かんそう》した地方《ちほう》にすみ，おもに植物質《しょくぶつしつ》のものを食《た》べます。

▲**ナンベイヘビクビガメ**　甲《こう》らの長《なが》さ約《やく》20㎝，曲《きょく》けい類《るい》。南《みなみ》アメリカのパラグアイ，ブラジル，アルゼンチンにすみ，水中《すいちゅう》でくらしています。ほかのカメにくらべ首《くび》がとくに長《なが》く，首《くび》を横《よこ》にまげて，甲《こう》らの間《あいだ》にかくします。

＊海《うみ》にあったウミガメのからだ

↑ウミガメは，大《おお》きくひらたい前足《まえあし》を，ボートのオールのようにつかっておよぎます。いっぽううしろ足《あし》は方向舵《ほうこうだ》のようにしてつかいます。

←ウミガメももちろん肺《はい》で呼吸《こきゅう》します。池《いけ》や小川《おがわ》でくらすカメと同《おな》じように，顔《かお》を少《すこ》しあげるだけで，鼻先《はなさき》が水面《すいめん》から出《で》るようになっています。

ウミガメは、はじめは陸《りく》でくらしていたカメが、海《うみ》に生活場所《せいかつばしょ》をうつすために、長《なが》い年月《ねんげつ》をかけて、からだの形《かたち》をかえていったと考《かんが》えられています。

ウミガメは、産卵《さんらん》のときしか上陸《じょうりく》しないので、からだはおよぐのにてきした形《かたち》に進化《しんか》しました。頭《あたま》や甲《こう》らは、水《みず》の抵抗《ていこう》があまりない流線型《りゅうせんけい》をしています。また、前足《まえあし》は大《おお》きく力強《ちからづよ》く、ボートのオールのようで、うしろ足《あし》はひれ・状《じょう》です。およぐときは、前足《まえあし》を上下《じょうげ》させてすすみ、うしろ足《あし》でかじをとります。

ウミガメは、小《ちい》さいときは、ほとんど海面《かいめん》にうく生活《せいかつ》をしているようですが、親《おや》ガメになると、海底《かいてい》にももぐるようになります。ときには、一回《かい》の呼吸《こきゅう》で一時間《じかん》ももぐっていることもあります。でも、こんなときは、海底《かいてい》にじっとしているときで、ふつうは、もっと短時間《たんじかん》しかもぐりません。

ウミガメは、潜《せん》けい類《るい》のなかまで、首《くび》をちぢめることはできますが、頭《あたま》や手足《てあし》を甲《こう》らの中《なか》にしまうこ

■オサガメ

■せなかの甲《こう》ら

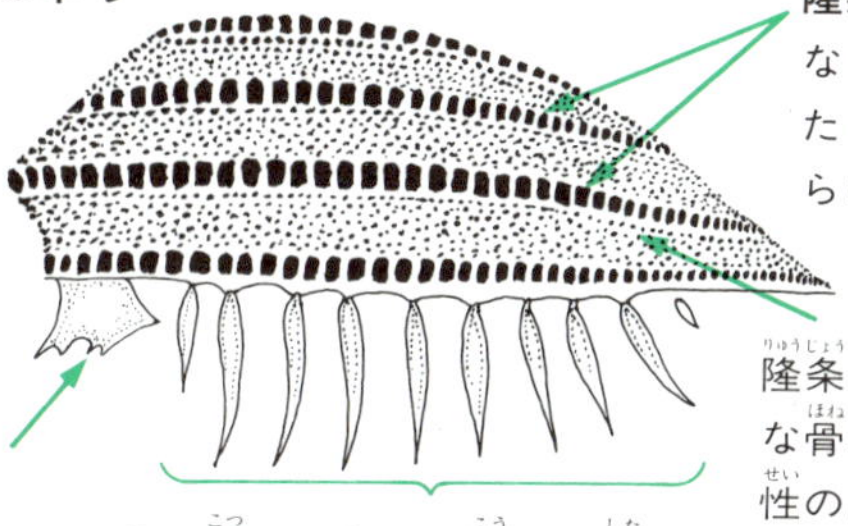

隆条《りゅうじょう》　やや大《おお》きな骨《ほね》がならんでうね状《じょう》になったもので，せなかの甲《こう》らに7本《ほん》あります。

項骨板《こうこつばん》　せなかの甲《こう》らの変化《へんか》したものです。

ろっ骨《こつ》　せなかの甲《こう》らの下《した》のほうにわずかにのこるようにしてついています。

隆条《りゅうじょう》と隆条《りゅうじょう》の間《あいだ》は小《ちい》さな骨《ほね》があつまり，弾力《だんりょく》性《せい》のある皮《ひ》ふでおおわれています。

●世界最大《せかいさいだい》のカメ——オサガメ

オサガメはウミガメのなかまで、現在生《げんざいい》きているカメの中《なか》で最大《さいだい》です。甲《こう》らの長《なが》さが二・五メートル、体重《たいじゅう》が八百《びゃっ》キログラムにもなるものがいます。

甲《こう》らはほかのカメとちがい、小《ちい》さな骨《ほね》がたくさんあつまってできており、表面《ひょうめん》は弾力性《だんりょくせい》のあるなめらかな皮《ひ》ふにおおわれています。このため甲《こう》らは軽《かる》く、高速《こうそく》でおよぐのにてきしています。

しかし、陸《りく》では甲《こう》らに体重《たいじゅう》をささえる力《ちから》がじゅうぶんになく、長時間《ちょうじかん》いると死《し》んでしまいます。

熱帯《ねったい》や亜熱帯《あねったい》の海《うみ》にすみ、日本近海《にっぽんきんかい》でもまれにみることがあります。クラゲや魚《さかな》などを食《た》べます。

とはできません。海《うみ》では陸《りく》にくらべて敵《てき》が少《すく》なく、それよりも、少《すこ》しでもおよぐのにてきしたからだをしているほうが、つごうがいいのでしょう。

しかし、およぎはじょうずでも、うしろからの敵《てき》の攻撃《こうげき》には弱《よわ》いようです。うしろ足《あし》や甲《こう》らのうしろの部分《ぶぶん》に、サメなどにおそわれたらしい傷《きず》あとをもつウミガメが、しばしばみつかります。

ウミガメは、亜熱帯《あねったい》と熱帯《ねったい》の海《うみ》をおもな生活《せいかつ》の場《ば》にしていて、冬眠《とうみん》はしません。ただし、アカウミガメは温帯《おんたい》でもくらしており、日本《にっぽん》は、太平洋《たいへいよう》にある産卵場所《さんらんばしょ》の北限《ほくげん》になっています。

ウミガメは、産卵《さんらん》のときは上陸《じょうりく》して人目《ひとめ》にもつくので、産卵行動《さんらんこうどう》については、どの種類《しゅるい》もよく調《しら》べられています。それに対《たい》し、海《うみ》へもどってからの親《おや》ガメや子《こ》ガメの行動《こうどう》は、まだよくわかっていません。

日本《にっぽん》の場合《ばあい》、近年《きんねん》、アカウミガメやアオウミガメに標識《ひょうしき》をつけてはなし、海《うみ》でのウミガメのようすをさぐる調査《ちょうさ》がおこなわれるようになりました。

*クサガメの一年《ねん》

7月《がつ》	6月《がつ》	5月《がつ》	4月《がつ》	3月《がつ》	
2度目《どめ》の産卵《さんらん》をするカメもいます。 	 産卵《さんらん》がはじまります。	 日光浴《にっこうよく》をしたり，えさをさかんに食《た》べたりします。	 冬眠《とうみん》からさめて動《うご》きだします。		親《おや》ガメ
土《つち》の中《なか》でふ化《か》しますが多《おお》くはそのままで，出《で》てきません。	 鼻《はな》のあなが出《だ》せるくらいの浅瀬《あさせ》でくらします。	 土《つち》の中《なか》から出《で》てきます。	 前年《ぜんねん》の夏《なつ》～秋《あき》にふ化《か》した子《こ》ガメの多《おお》くは，そのまま土《つち》の中《なか》で冬《ふゆ》をこします。		子《こ》ガメ

クサガメのくらしは、池《いけ》にいるカメや飼育《しいく》したカメをみるかぎりは、えさをさがして食《た》べる、甲《こう》らをほす、ねむるの、三つに集中《しゅうちゅう》しています。でも、季節《きせつ》のちがいや、親《おや》ガメと子《こ》ガメのちがい、産卵《さんらん》をするめすとしないおすとのちがいで、この生活《せいかつ》にも少《すこ》しずつ変化《へんか》がみられます。

ここで、もう一度《いちど》クサガメの一年《ねん》をふりかえるとともに、参考《さんこう》までに、産卵《さんらん》や子《こ》ガメの成長《せいちょう》記録《きろく》を表《ひょう》にしてみました。

クサガメの産卵記録《さんらんきろく》（1984年《ねん》）

月日《つきひ》	個体《こたい》	甲《こう》らの長《なが》さ(cm)	産卵個数《さんらんこすう》	備考《びこう》
6月19日	A	20	11	
〃	B	21	14	
6月23日	C	15	6	
〃	D	22	15	
6月25日	E	20	13	
〃	F	15	6	
6月26日	G	20	11	
7月12日	C	15	7	2回目《かいめ》
7月16日	G	20	13	2回目《かいめ》

2月《がつ》	1月《がつ》	12月《がつ》	11月《がつ》	10月《がつ》	9月《がつ》

池《いけ》の底《そこ》などで冬眠《とうみん》します。

たくさんカメのいるところでは，おすとめすがあつまり，冬眠《とうみん》まえに水中《すいちゅう》で交尾《こうび》をします。

あまりえさを食《た》べなくなります。

水《みず》の中《なか》だけでなく，木《こ》かげなどでも体温調節《たいおんちょうせつ》をします。

早《はや》くふ化《か》したもののなかには，その年《とし》に出《で》てくるものもあります。

子《こ》ガメがどこで冬眠《とうみん》するか，くわしいことはよくわかっていませんが，水《みず》の底《そこ》と思《おも》われます。

甲《こう》らもすっかりじょうぶになります。

クサガメの子《こ》どもの生長記録《せいちょうきろく》（1984～85年《ねん》）

個体《こたい》	（イ）		（ロ）		（ハ）	
月日《つきひ》	甲《こう》らの長《なが》さ(mm)	重《おも》さ(g)	甲《こう》らの長《なが》さ(mm)	重《おも》さ(g)	甲《こう》らの長《なが》さ(mm)	重《おも》さ(g)
'84年 6月26日	40	10	40	10	38	9.5
7月23日	53	22	52	21	48	18
8月5日	57	30	55	25	52	23
9月6日	63	34.5	60	32	58	28
10月1日	63	35	61	32	59	28.5
'85年 11月3日	75	48	74	47.5	68	36.5

➡このときのクサガメの卵《たまご》は，産卵時《さんらんじ》で直径約《ちょっけいやく》40㎜，重《おも》さ約《やく》10g，ふ化《か》3日前《かまえ》もほとんど同《おな》じでした。

クサガメの子《こ》どものふ化直後《かちょくご》の大《おお》きさ，重《おも》さ（1984年《ねん》）

個体《こたい》	甲《こう》らの長《なが》さ(mm)	重《おも》さ(g)	個体《こたい》	甲《こう》らの長《なが》さ(mm)	重《おも》さ(g)
ア	33	7.5	サ	34	7.5
イ	33	7.0	シ	33	7.5
ウ	30	5.5	ス	33	8.0
エ	31	5.0	セ	32	6.5
オ	34	7.5	ソ	31	5.0
カ	33	7.5	タ	32	7.0
キ	33	7.0	チ	32	6.5
ク	33	6.5	ツ	31	5.0
ケ	34	7.0	テ	33	7.5
コ	31	6.0	ト	34	7.0

⬆ゼニガメとよばれている子《こ》ガメ。左《ひだり》がイシガメの子《こ》，右《みぎ》がクサガメの子《こ》。

⬆ペットショップなどでよく売《う》られているミドリガメ。アメリカから輸入《ゆにゅう》したカメです。

カメは、もともと生命力《せいめいりょく》の強《つよ》い動物《どうぶつ》ですが、小《ちい》さな水《すい》そうなどで飼《か》う場合《ばあい》、意外《いがい》と死《し》なせてしまうことがあります。とくに、ゼニガメとよばれる生後《せいご》一年《ねん》ぐらいのカメは、大《おお》きなカメにくらべて、なかなか育《そだ》ちにくいのが現実《げんじつ》です。

ペットショップなどで売《う》られている子《こ》ガメは、とてもかわいらしく、だれでも飼《か》いたくなります。でも、できればそれより、ひとまわり大《おお》きな、甲《こう》らの長《なが》さが十センチメートル以上《いじょう》あるカメを飼《か》うことをおすすめします。

カメの飼《か》い方《かた》で、長《なが》くつづけるのがむずかしい世話《せわ》が一つあります。それは日光浴《にっこうよく》をさせることです。カメにとっては、日光浴《にっこうよく》は健康《けんこう》をたもつためにかかせません。

ところが、直射日光《ちょくしゃにっこう》に長《なが》くあてていると、こんどはカメのいれてある容器《ようき》があつくなり、にげ場《ば》のないカメは、体《たい》温《おん》があがりすぎて、元気《げんき》をうしなってしまいます。

それと、わすれてならないのは、水《みず》の手入《てい》れです。のこったえさやふんなどで水《みず》がくさらないように、こまめに水《みず》をとりかえます。くさった水《みず》は、カメには病気《びょうき》のもとです。

カメを飼《か》う水《すい》そう

おもし
あみでふたをします。
立《た》って手足《てあし》をのばしても，へりに手《て》がかからない深《ふか》さの水《すい》そう。
水面《すいめん》より少《すこ》し高《たか》く平《たい》らな台《だい》
首《くび》をのばせば顔《かお》が出《で》るくらいの水深《すいしん》にします。

えさは、動物質《どうぶつしつ》のものをよろこびますが、野菜《やさい》やくだものも食《た》べます。また、ペットショップで売《う》っている、カメや金魚《きんぎょ》のえさでも飼《か》うことができます。でも、栄養《えいよう》のバランスを考《かんが》えて、ときにはなまの小魚《こざかな》やザリガニ、肉《にく》やミミズなどもあたえるといいでしょう。

カメのえさ

小魚《こざかな》
ザリガニ
ミミズ
肉《にく》
にぼし
レタス
金魚《きんぎょ》のえさ
キャベツ
リンゴ
バナナ

カメを飼《か》うときの注意事項《ちゅういじこう》

- 容器《ようき》はなんでもいいが，カメがにげ出《だ》さないようなくふうが必要《ひつよう》。
- ろ過装置《かそうち》をつかう場合《ばあい》をのぞいて，砂利《じゃり》などはいれないほうが，そうじがしやすい。
- えさをあたえるのは毎日《まいにち》でも，一日《にち》おきでもよいが，食《た》べられるだけあたえ，のこしたえさはとりのぞくこと。また，気温《きおん》の高《たか》いときのほうがよく食《た》べて消化《しょうか》する。
- 日光浴《にっこうよく》は，一日《にち》に2時間《じかん》はさせる。
- 水《みず》がよごれたら，早《はや》めにとりかえる。とりかえるときは，同《おな》じ水温《すいおん》の水《みず》ととりかえること。

カメの病気《びょうき》

カメの病気《びょうき》で多《おお》いのは、水《みず》のよごれによる目《め》の病気《びょうき》と、ビタミンやカルシウム不足《ぶそく》による病気《びょうき》です。

目《め》がはれたりしたら、水《みず》をこまめにかえてきれいにします。また、ろ過装置《かそうち》をつかっているときは、砂《すな》やろ過器《かき》をきれいにあらいます。

それでもなおらないときは、ビタミンA《エイ》の不足《ふそく》と思《おも》われます。レバーなどビタミンA《エイ》の多《おお》いものをあたえたり、ペット用《よう》のビタミン剤《ざい》を少量《しょうりょう》、えさにまぜるか、直接《ちょくせつ》のませます。

甲《こう》らがやわらかかったり、でこぼこしてきたら、それはカルシウム不足《ぶそく》です。小《ちい》さな魚《さかな》をまるごとあたえたり、にぼしを水《みず》にふやかしてあたえます。

これらの病気《びょうき》は、水《みず》の中《なか》につかっている子《こ》ガメにとくに多《おお》いので、注意《ちゅうい》が必要《ひつよう》です。

健康《けんこう》なカメの目《め》

目《め》の病気《びょうき》にかかったカメ

ハーダー氏炎《しえん》という目《め》の病気《びょうき》は，目《め》がはれたり，白《しろ》い膜《まく》をかぶったようになります。

カメとサルモネラ菌《きん》

サルモネラ菌《きん》は、人間《にんげん》に食中毒《しょくちゅうどく》をおこす細菌《さいきん》です。最近《さいきん》、ミドリガメが菌《きん》を多《おお》くもっていると話題《わだい》になっていますが、ミドリガメにかぎらずほかのカメや、またイヌなどももっています。ただ、ミドリガメやそのほかの水辺《みずべ》にすむカメは、消化管《しょうかかん》の中《なか》にサルモネラ菌《きん》をもっている割合《わりあい》がきわめて高《たか》いのです。

カメやカメのふんにさわったり、カメの水《すい》そうの水《みず》がえをしたときは、そのままの手《て》で食《た》べ物《もの》を食《た》べてはいけません。かならず石《せっ》けんであらいましょう。石《せっ》けんであらえば、まずだいじょうぶです。どんなペットでも、さわったあとは手《て》をあらうことです。

万一《まんいち》、はげしい下痢《げり》などがおきて、お医者《いしゃ》さんにみてもらうことになったら、カメを飼《か》っていることを話《はな》してください。

カメが卵《たまご》をうんだら

水《すい》そうなどで飼《か》っているカメが、卵《たまご》をうむことがありますぐに、ほかの場所《ばしょ》にうつします。親《おや》ガメがこわさないうちに、ほかの場所《ばしょ》にうつします。ただし、水《みず》の中《なか》に何日《なんにち》もつかっていたようではだめです。また、何年《なんねん》も一ぴきで飼《か》っていた場合《ばあい》、その卵《たまご》は無精卵《むせいらん》といって、ふ化《か》しません。

とり出《だ》した卵《たまご》は、植木《うえき》ばちのような、水《みず》はけ口《ぐち》のある容器《ようき》にいれ、ちぎって水《みず》をふくませた新聞紙《しんぶんし》や水《みず》ゴケ、砂《すな》などでおおいます。ときどき、水《みず》をかけるなどして、湿度《しつど》をたもちながら、日《ひ》のあたる場所《ばしょ》におきます。

基本的《きほんてき》にはセ氏《し》三十度《ど》前後《ぜんご》にたもちますが、少《すこ》しぐらいちがってもだいじょうぶです。むやみに卵《たまご》を動《うご》かさないことです。やむをえず動《うご》かすときは、卵《たまご》にしるしをつけ、卵《たまご》の上下《じょうげ》をかえないようにします。

あみなどでおおいます。

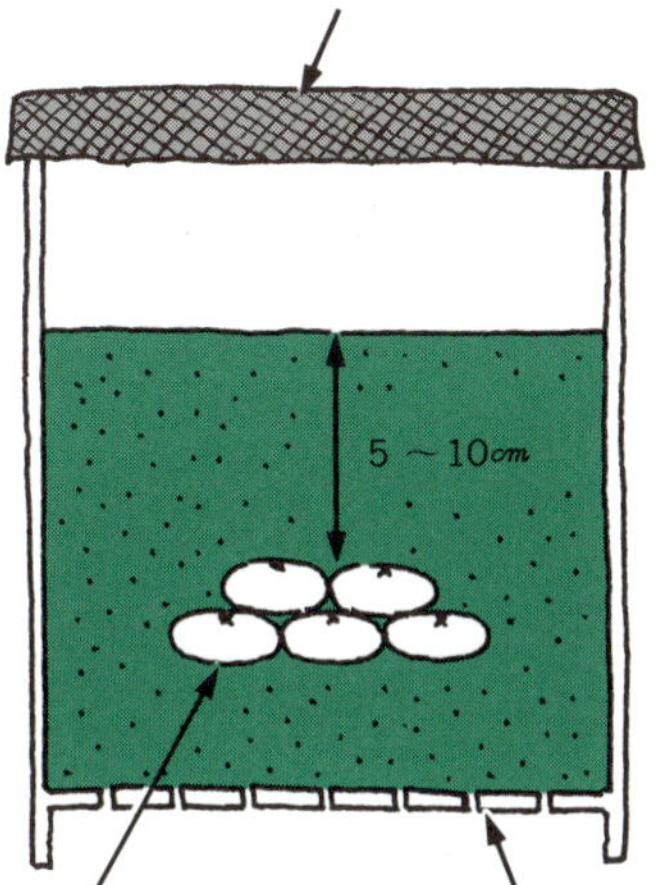

カメガうんだ卵《たまご》は，上《うえ》をむいていたほうにしるしをつけ，いつもしるしを上《うえ》になるようにしておきます。卵《たまご》は少《すこ》しすきまができるようにして，水平《すいへい》にかさねます。

あなをあけ，水《みず》がたまらないようにします。

冬眠《とうみん》のさせかた

水《すい》そうなどで飼《か》っているカメの場合《ばあい》、ヒーターで保温《ほおん》をして冬《ふゆ》をこさせる方法《ほうほう》と、冬眠《とうみん》をさせる方法《ほうほう》とがあります。イシガメやクサガメも、保温《ほおん》をすれば、冬眠《とうみん》をさせずに飼《か》うことができます。

もし、冬眠《とうみん》をさせる場合《ばあい》は、水《みず》の中《なか》で冬眠《とうみん》させるか、水《みず》から出《だ》して、土《つち》や新聞紙《しんぶんし》などでしめり気《け》をあたえながら冬眠《とうみん》させます。どちらも、あまり温度変《おんどへん》化《か》のない場所《ばしょ》をえらびます。冬眠《とうみん》といっても、カメがこおってしまうような場所《ばしょ》はよくありません。

なお、外国《がいこく》の熱帯産《ねったいさん》のカメは冬眠《とうみん》ができません。

水《みず》を深《ふか》めに入《い》れます。(20cm以上《いじょう》)

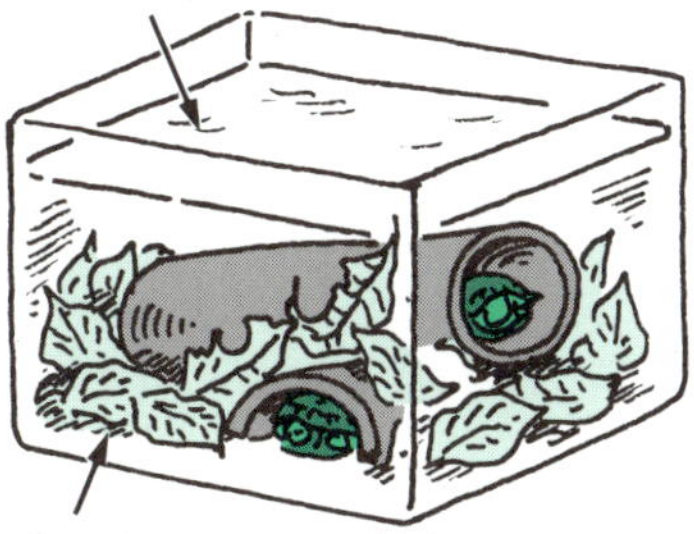

木《き》の葉《は》やかわら，塩化《えんか》ビニールのパイプなどで，カメのかくれ家《が》をつくってやります。

あみなどでおおい，くらいところにおきます。

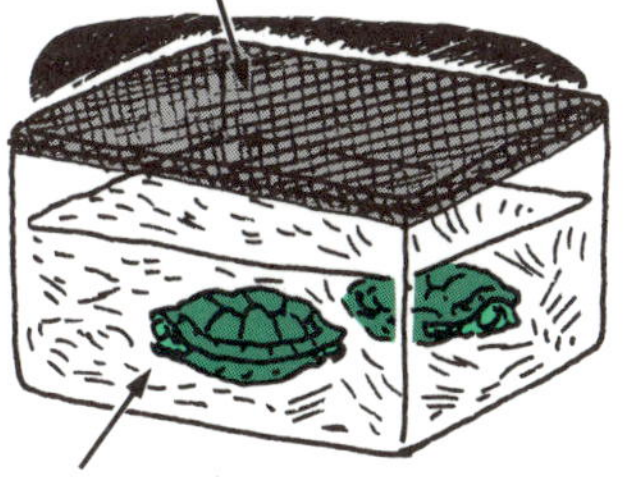

しめった土《つち》や，ちぎってぬらした新聞紙《しんぶんし》などの中《なか》にカメをうめます。

冬眠《とうみん》によるカメの体重《たいじゅう》の変化《へんか》（1984～85年《ねん》）			
冬眠前《とうみんまえ》（'84年《ねん》11月《がつ》９日《か》） 気温《きおん》16℃　水温《すいおん》10℃		冬眠後《とうみんご》（'85年《ねん》３月《がつ》16日《にち》） 気温《きおん》24℃　水温《すいおん》16℃	
イシガメ A （おす）	415 g	396 g	（19 g へった）
イシガメ B （めす）	830 g	817 g	（13 g へった）
クサガメ C （おす）	515 g	499 g	（16 g へった）
クサガメ D （めす）	670 g	661 g	（ 9 g へった）
クサガメ E （めす）	735 g	712 g	（23 g へった）
クサガメ F （めす）	550 g	539 g	（11 g へった）

あとがき

むかし、縁日《えんにち》や祭《まつ》りにいくと、かならずといってよいほど、金魚屋《きんぎょや》の店先《みせさき》で小《ちい》さなカメが売《う》られていました。子《こ》どものころのわたしは、このカメがほしくてたまらず、なんども親《おや》にねだって買《か》ってもらった思《おも》い出《で》があります。しかし、そのたびに死《し》んでしまったり、にげてしまったりで、このカメを大《おお》きくなるまで、無事《ぶじ》に育《そだ》てられたおぼえがありません。

ゼニガメとよばれるカメの子《こ》どもは、意外《いがい》と弱《よわ》いのです。撮影《さつえい》の仕事《しごと》で飼《か》っているときも、暑《あつ》さで弱《よわ》らせてしまったり、大雨《おおあめ》でおぼれさせてしまったり、冬眠《とうみん》のときにこおらせてしまったり、自分《じぶん》のちょっとした不注意《ふちゅうい》で、いままでにたくさんの子《こ》ガメを死《し》なせてしまいました。手《て》のひらでぐったりした子《こ》ガメをみるたびに、「すまない！」という気持《きも》ちが、なんどもこみあげてきました。

もう少《すこ》し気《き》をくばっていたら、もっと長生《ながい》きさせてやれたのに。

そんな失敗《しっぱい》の連続《れんぞく》でカメの観察《かんさつ》しながらつくったこの本《ほん》は、だれよりも、いままで死《し》なせてしまったたくさんのカメたちへ、ささげたいと思《おも》っています。

この本《ほん》をつくるにあたり、監修《かんしゅう》を松井孝爾先生《まついたかじせんせい》、ウミガメの撮影《さつえい》に石井正敏《いしいまさとし》さん、そのほか、多《おお》くの方《かた》がたのご協力《きょうりょく》をいただきました。この場《ば》をおかりして、あつくお礼《れい》をもうしあげます。

増田戻樹《ますだもどき》

科学のアルバム90

カメのくらし

■ 著　者
増田《ますだ》戻樹《もどき》
■ 発行者
岡本雅晴
■ 印　刷
株式会社　精興社
■ 写　植
株式会社　田下フォト・タイプ
■ 製　本
中央精版印刷株式会社
■ 発行所
株式会社　あかね書房
〒101-0065 東京都千代田区西神田３－２－１
電話 東京(3263)0641(代)

2003年12月発行

ＮＤＣ487

増田戻樹
カメのくらし
あかね書房　２００３
54Ｐ　23×19㎝（科学のアルバム90）

ISBN4-251-03390-6

■表紙写真
水中をおよぐクサガメ。
■裏表紙写真

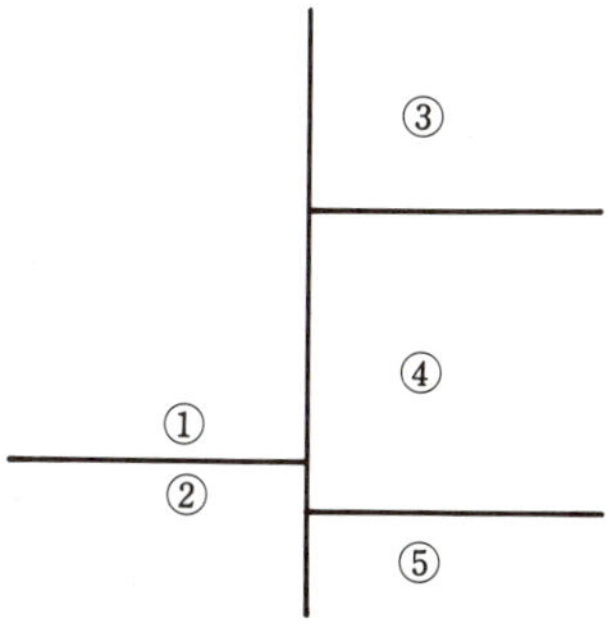

①アカウミガメの上陸したあと。
②産卵後《さんらんご》、あなをうめるアカウミガメ。
③産卵中のクサガメ。
④卵《たまご》のからをやぶって出《で》てきたクサガメの子。
⑤スイレンの葉の上で日光浴《にっこうよく》をするイシガメの子。
■扉写真
海にむかって一目散《いちもくさん》にかけていくアカウミガメの子。
■目次写真
草のおいしげった湿地《しっち》を移動《いどう》するクサガメ。

全国学校図書館協議会推薦・基本図書
サンケイ児童出版文化賞大賞受賞

科学のアルバム

虫

モンシロチョウ
アリの世界
カブトムシ
アカトンボの一生
セミの一生
アゲハチョウ
ミツバチのふしぎ
トノサマバッタ
クモのひみつ
アシナガバチ
カマキリのかんさつ
鳴く虫の世界
カイコ まゆから まゆまで
テントウムシ
クワガタムシ
カミキリムシ
ホタル 光のひみつ
オオムラサキ
高山チョウのくらし
昆虫のふしぎ 色と形のひみつ
ギフチョウ
水生昆虫のひみつ

鳥

シラサギの森
タンチョウの四季
ライチョウの四季
ツバメのくらし
たまごのひみつ
ウミネコのくらし
フクロウ
カラスのくらし
キツツキの森
モズのくらし
ハヤブサの四季

動物

カエルのたんじょう
カニのくらし
いそべの生物
ニホンカモシカ
サンゴ礁の世界
海の貝
ムササビの森
カタツムリ
モリアオガエル
エゾリスの森
シカのくらし
ネコのくらし
ヘビとトカゲ
森のキタキツネ
サケのたんじょう
コウモリ
カメのくらし
メダカのくらし
ヤマネのくらし
ヤドカリ

地学

雲と天気
きょうりゅう
しょうにゅうどう探検
雪の一生
火山は生きている
水 めぐる水のひみつ
塩 海からきた宝石
氷の世界
鉱物 地底からのたより
砂漠の世界

植物

アサガオ たねから たねまで
食虫植物のひみつ
ヒマワリのかんさつ
イネの一生
高山植物の一年
サクラの一年
ヘチマのかんさつ
サボテンのふしぎ
リンゴ くだもののひみつ
ツクシのかんさつ
キノコの世界
たねのゆくえ
コケの世界
ジャガイモ
植物は動いている
水草のひみつ
紅葉のふしぎ
ムギの一生
ユリのふしぎ
ドングリ
花の色のふしぎ

天文

月をみよう
星の一生
太陽のふしぎ
星座をさがそう
惑星をみよう
星雲・星団をみよう
彗星 ほうき星のひみつ
惑星の探検
流れ星・隕石

別巻

夏休み昆虫のかんさつ
夏休み植物のかんさつ
四季のお天気かんさつ
四季の野鳥かんさつ